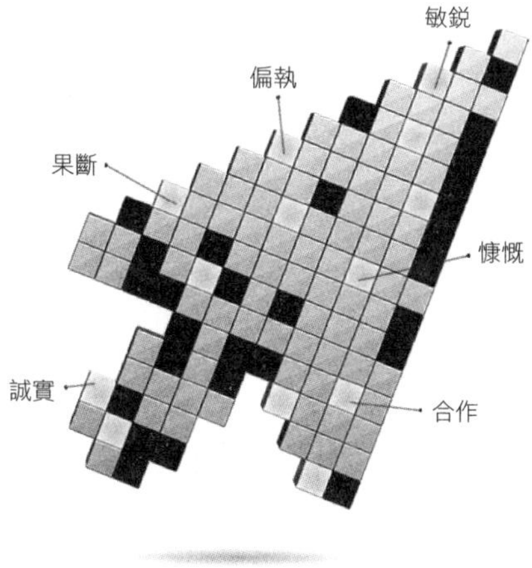

創新者的六項修練

The Creator's Code

麥肯錫顧問解讀 200 家
營收上億新創公司的成功密碼

艾美．魏金森 Amy Wilkinson —— 著　　林力敏 —— 譯

目錄

推薦序

忠實呈現、一刀未剪的矽谷創新者群像

葛如鈞

在學校教書時，我經常提醒學生，看紀錄片的時候，不要只是聆聽表面上的訊息，也要觀察受訪者或專家談話時的神情、背景裡的擺設、辦公間的裝潢——如牆上的畫、沙發的布料顏色，以及言語背後不經意流露出的小動作和他的性格或人生觀的那些小小時刻。這麼一來，才得以習得表象之外的真實意涵，也對於「自己想成為什麼樣的人」能有更多想法，而不是只追求那些美好的數字或故事作為樣本模範。

在我看來，這本書就像一部精采絕倫的紀錄片，讓每個讀者見到百位知名創新者的真實樣貌。從我創業的那一年（二〇一〇年）開始，作者不間斷地採訪了五年，蒐集到近二百家成功新創公司的勝利密碼，透過精心絕妙的安排，去蕪存菁地呈現對談內容，且穿插客觀公平的資料描述，才得以呈現的——矽谷創新者群像。

閱讀本書時，眼前顯現的是一幕又一幕如同紀錄片般的寫實畫面，如鋼鐵人東尼．史塔克的原型——PayPal創辦人馬斯克對他創辦公司的心路歷程侃侃而談，而作者並不會如同當前坊間的媒體一般，僅節錄這些成功人士對於成功狀態的描述——多短時間獲致成功，多麼順利取得千萬美元投資，抑或如何精妙巧合地找到創業問題；相反地，作者表露於全書的，是如同紀錄片導演一般，忠實地呈現對話，並穿插許多來自學術研究的客觀分析，貫串成環環相扣、處處受用且令人玩味再三的文字內容，也將許多刻劃創新者本質的小小時刻原汁保留，留給讀者自己拾撿。

此外，作者也善用簡潔的表述方式，讓一些重要的概念深植讀者心中。如太陽鳥創業家，其實就是我們經常提到的跨領域學習、異花授粉、從問題中找變／異，也從變／異中找問題（如書中的例子星巴克ＶＩＡ即溶咖啡粉的核心技術竟然是來自於生物學家）；又如所謂的建築師創業家，正是我們所說的大處著眼小處著手，隨時準備揪出藏在細節中的魔鬼，抓出躲在小確幸裡的大問題；此外，整合型創業家，其實就是那些總能讓有才能的人聚在一起，讓魔法發生的人——如蘋果電腦創辦人賈伯斯。許許多多在創新創業路上，都極為重要而深刻的道理，都被作者忠實呈現在書中，而且客觀地加以註述；這對經常被許多美麗數字與雄偉的創業故事所迷惑的台灣創業者們，是更加重要而難能可貴的。

非常感謝先覺出版社將這麼優異且耗費多年才付梓的大作，妥善翻譯並適時地呈現在台灣書市。期望正在台灣寶島上不斷湧出的創新者、創業者們，能夠細心品味此一大作，再三閱讀，持續修練，看能否有一天，體悟出屬於華人特有的創新者特質與新的修練。

（本文作者為台北科技大學互動設計系助理教授）

推薦序

創新是種人格特質與態度

周欽華

要總結創業成功的共通因子非常困難。我個人同意 PayPal 創辦人提爾改編自名著《安娜・卡列妮娜》的一句話：「所有快樂的公司都不同：每一家都靠著解決不同的問題而贏得了壟斷。所有失敗的公司則一樣：它們都無法從競爭中逃脫。」

成功的創業公司本質上是特例。特別是書中提到的市值超過一億美金的「獨角獸」型成功，幾乎無一例外是「才能」加上「努力」再加上「運氣」的多重因素。

但難以分析，不代表不可能（創業者很少接受「不可能」）。要分析出創業成功的共通性，必然要仰賴專業者針對成功企業，進行系統式的調查訪談。這是商管名著《從A到A+》的方法，也是本書作者採用的方法。差別是前者是針對百年的大型上市企業，而本書是針對新創企業。

基於五年研究，超過二百次訪談，本書作者歸納出成功創業家的六個特質。這項任務十分不容易。要歸納企業的成功之道幾乎不可能，因為不同產業在不同時期，面對的競爭與需求都完全不同。但成功的創業家卻有相似的特質。這些特質幫助創業家度過職業生涯中的高低起伏，最終累積出巨大的成果。書名為六個「修練」，即是指這些特質並不是天生決定的，而可經由學習、歷練而來。

這六個特質──敏銳、偏執、果斷、誠實、合作與慷慨，可以對應到創業需要的「點子」「態度」「執行」「信任」「團隊」與「連結」。一個成功的創業家，需要在至少一點，甚至許多點，都有非常的表現。比如說比爾・蓋茲具有抓到商業機會的眼光，並且善於與其他企業合作（與IBM合作個人電腦）。賈伯斯對設計無比的偏執，對失敗也無比的誠實。不同的創業者，應該都能從書中的不同章節找到能提醒自己的點。

我個人創業之前，有過扎實的律師訓練。因此我對本書有關於點子與執行的章節特別有感，因為這是我需要「修練」的領域。但誠實與信任我就相對擅長。我也建議創業者或是考慮創業的人用同樣方法使用此書：分析個人擅長與需要改進的面向，重點理解。注意：缺點不一定要靠苦修來彌補，也可以靠找到互補的同伴來增強。

這本書對於學生或是沒有從事創業的一般台灣大眾更有價值。台灣的學校與職場大部分強調專業性，也就是培養在特定領域內的深厚知識；但這本書卻指出了人格特質與態度的重要性。本書高度反應了美國文化強調開拓、有志者事竟成的「無邊疆」態度；與台灣沿襲自中國，強調鞏固自我定位的專業者文化是很好的互補。

（本文作者為「有物報告」創辦人）

推薦序

當個改變世界的創新者

張瑋軒

受邀為這本書寫序，是在女人迷的一場活動之後，主編參加完活動，晚上寄給我邀請，他說：「我們這本書所形容的『創新者』就是妳！妳可以為這本書寫序嗎？」收到書稿，認真看完，我對於出版社的邀請感到誠惶誠恐，但我還是答應寫序，不是因為我認為我是書中所形容的那樣，而是我的確希望自己正走在這樣的修練之路上——永遠充滿好奇和尋找解答的能力，無論受到多少嘲弄或困難，永遠堅持善良與正直是最重要的選擇，相信透明與開放是企業的現在與未來進行式，更始終相信我們能夠成為改變世界的力量之一。

那天女人迷活動的開場演講，我說：「我是一個很平凡的人，女人迷是很平凡的團隊，可是從創業的第一天開始，我們就不只是想做一個平凡的公司，我們想做一個偉大的企業。而對我來說，偉大的企業，必須有文化、必須有信仰、必須有遠景、必須有使命感，而且必須能帶給周遭世界希望。」

創業，對我來說，從來不是一個選項，而是自然的召喚（calling）。因為某種召喚，所以創業的「業」，不只是一個營利事業（business），更是一種志業（vocation）。志業，是富貴不能淫、貧賤不能移的心力動能；志業，會讓你對所有正在做的事情充滿勇氣和膽識去面對；志業，會讓你無時無刻不觀察、思考、體悟，該怎麼更接近你想實現的目標，你會想著怎麼解決問題，而不只是怎麼賺錢。我一直相信，這世界其實不需要再多一間賺錢的公司，但是這個世界需要更多具有「改變世界能力」的企業，而怎麼改變世界，每個支點和關鍵都在於「人」。而我更相信，每個人都有能力改變世界。

你是什麼樣子的人，會決定你會完成什麼樣子的事情，會影響你的生活周遭如何看待這個世界。就像這本書中所說的，每個人都有潛力成為創新者，但前提是你必須充滿好奇，懷著各種疑問，但更重要的是，提問之後，更要試圖用各種方式找到解答，而且不斷嘗試。即使失敗了，都能讓你更接近解答。

無論你是不是創業者，我相信這本書都能帶給你全新的視野，成功者沒有捷徑，只有不斷的累積，修練永遠都在，因為這世界上永遠沒有最佳解答，你希望世界是什麼樣子呢？讓我們一起出發改變它吧！讓我們一起展開我們的六項修練，或其它更多更多。我們只有不斷的好奇，不斷的嘗試，不斷的懷著希望，不斷的擁抱初衷，不斷不斷的練習，然後更靠近我們想要世界改變的樣子。

（本文作者為「女人迷」共同創辦人暨CEO）

前言
破解創新密碼

凱文．普蘭克被高中退學，改讀軍事學院的預校。沒有第一級大學願意錄取他，他覺得加入大學美式足球校隊的夢想似乎面臨破滅。幸好他在一九九一年擠進馬里蘭大學，擔任校隊的替補後衛。

普蘭克在球場上死命推擠，低著頭朝對手猛攻猛撞，比誰都拚命，也必須如此。艾瑞克．奧伯古是隊上的防守前鋒，身高一百九十公分，體重一百二十五公斤，在畢業以後，先後加入紐約噴射機隊、辛辛那提孟加拉虎與達拉斯牛仔隊等職業球隊，他常說大學時代只有一個人把他撞到腦震盪，那就是不到一百八十公分、體重九十多公斤的普蘭克。

普蘭克常練球練到汗流浹背。某日，他穿著隊服與汗濕的棉質T恤量體重，發覺整整增加近一．五公斤。他比隊友矮小，體格也不如人，可不能再讓衣著拖慢速度。較不吸汗的內衣會有幫助嗎？

他在校園附近找到一間衣料行，提出他的需求，得知化學纖維比綿質纖維更能有效排汗。他買下一捲彈性佳的超細纖維布料，在當地找裁縫店做成T恤，總共做出七件，花掉四百五十美元，但成果令他滿意：這些T恤相當舒適，平時重九十公克，吸水後只重二百一十公克。

他拿給隊友試穿。下一場比賽打完，每個人都大力誇讚。

「Under Armour替強悍美式足球員打造的服裝有個罕為人知的秘密，那就是我們採用跟女性內衣相同的衣料。」普蘭克微笑著說。

畢業以後，普蘭克開著福特越野車前往紐約市的服飾區探尋供應商，找到一間俄亥俄州的小工廠願意生產他的衣服。他打給大西洋沿岸聯盟（當時是馬里蘭大學所屬的體育聯盟）的每個設備經理，登門造訪每支球隊，發送排汗衣供球員試穿，跟朋友奇普・佛克斯在祖母家的地下室工作，尋求客戶與裝箱出貨，一天忙上二十小時。

「沒錯，那時很辛苦。」普蘭克告訴我：「但我總覺得做好不是不可能。」雖然他燒光一萬七千美元的積蓄，還積欠四萬美元的卡債，卻不肯收手。耐吉公司的代表在幾場商展上回絕他的產品，他就寄聖誕卡給耐吉共同創辦人菲爾・耐特說：「你現在還沒聽過我們的名號，但以後就會聽到了。」

不久以後，訂單開始出現：普蘭克的第一筆大訂單來自喬治亞理工學院，隨後是北卡羅萊納大學。亞特蘭大獵鷹隊致電詢問普蘭克能否提供長袖球衣，他回答：「當然！」隨即研究起長袖。接下來，棒球隊、曲棍球隊跟橄欖球隊紛紛訂購普蘭克的產品。不出多久，這家由美式足球員替美式足球比賽創立的公司甚至開始打入女性市場，如今成為年營業額達二十九億美元的全球品牌。

普蘭克不是布料與成衣專家，不算多懂零售業，不曾參加過任何一場美式足球聯盟（NFL）的比賽，也不是從常春藤盟校畢業。他只是一個破解創新者密碼的創新者。

「我們品牌的核心精神是『藍領精神』，一種持續向前的心態，這代表著沒有任何事物能讓我停下腳步，沒有任何事物能阻擋我往前迎向成功。」普蘭克陪我走過巴爾的摩灰撲撲的Under Armour企業總部時說。

「泡麵盈利」之路

二〇〇七年，在美國另外一邊的舊金山，傑比亞（Joe Gebbia）收到公寓房東的來信：「您好，房租已上漲二五％。」傑比亞跟室友契斯基（Brian Chesky）心想這下該怎麼負擔房租？

他們剛從羅德島設計學院畢業，那個星期正準備參加美國工業設計協會主辦的大會。他們從主辦單位的網站上看到一條訊息：「抱歉，舊金山的旅館已滿，不再提供床位。」他們環顧客廳，確認有空間供別人借住，只是沒有多餘的床。「我在櫃子裡有一張充氣床。」傑比亞告訴契斯基。

他們心生一計，把那張床充飽，還跟朋友借來另外兩張床，開始思考該提供付錢的房客何種住房體驗。機場接送服務？在枕頭上擺點薄荷糖？替房客做早餐？接下來是取名。這間旅館並不是傳統的彈簧床加早餐（bed and breakfast），而是充氣床加早餐（airbed and breakfast），「Airbnb住房短租網」於焉誕生。

「讓凱特、愛彌兒跟麥可來住是一段很愉快的經驗。」傑比亞在第一個週末這麼說，回想著他們這間充氣床旅館第一批的三個客人。這次經驗十分正面，帶來收入及跟房客的交流，傑比亞跟契斯基不禁好奇，如果鼓勵別人也出租自家空間會有何結果。

他們兩個找來電腦工程師納森．布萊卡斯亞克攜手合作，目標客戶鎖定為商務人士。

草創初期，每星期只賺二百美元，但他們反而更加節儉並發揮創意。二〇〇八年總統大選期間，他們設計出幾款早餐玉米片的包裝盒，取名為「歐巴馬玉米片：每碗都有希望」和「麥肯玉米片：每口都有異見」。他們找上部落客打知名度，每盒售價四十美元，結果銷售一空，賺得二萬五千美元，Airbnb靠這筆資金繼續撐下去。「這實在不在一般的創業劇本裡。」傑比亞笑言。

Airbnb在二〇一〇年達到「泡麵盈利」。傑比亞解釋說：「這代表你們的收益足夠支付租金跟買便宜的泡麵。只要跨過這個門檻，就能大顯身手。」

如今每天晚上都有二十萬人住在透過Airbnb找的住宿地點，散布於全球一百九十二個國家的三萬四千座城市，而希爾頓飯店在全球則是有六十萬間客房。先前傑比亞跟我約在他們的舊金山總部會面，他穿著連帽外套與紅色運動鞋，戴著粗框眼鏡。不久之後，Airbnb在二〇一四年四月額外獲得四億五千萬美元的資金，估計市場價值達到一百億美元，躍居全球數一數二有價值的新創企業。

肯做的夢想家

傑比亞、契斯基與布萊卡斯亞克憑藉出租空間的點子，善用網路科技，開創出一家企業，不僅解決自身問題（高額房租），也讓別人有福同享，企業表現蒸蒸日上，比起Under Armour不遑多讓。

創立一間「共享經濟」公司不是耍酷或趕流行。出租沙發或多餘房間給陌生人是個「古怪點子」，沒有哪家創投公司會興沖沖的投注資金。由此可見，傑比亞下了一著險棋——真的嗎？

傑比亞、契斯基與布萊卡斯亞克跟我們大多數人並無不同。他們想出一個生意點子，這點子雖不驚人但別具意義，雖不容易但頗有潛力，在他們看來終究可行。「我們體內有某個東西，某個不容動搖的精神。」傑比亞解釋說：「外在的邏輯叫我們停手，內在的聲音卻不容忽視。」

人人都可以洞燭先機、發明產品、創立公司——甚至是年營收一億美元的大公司。我們可以影響未來，可以開創生意。

新一代的夢想家正在這麼做：從平凡點子打造出不凡企業。這些創新者掌握本書提到的六大關鍵修練，成功破解了創新者密碼。他們證明靠一點膽識跟紀律能走得很遠，而且人人都有辦法當上企業家。

創新者不像頂尖學生是追求「第一」，而是追求「唯一」——唯一看見需求的人，唯一把現有科技做出嶄新應用的人，或是唯一針對問題設計出獨家解決之道的人。好奇心比資歷更重要。

在過去，我們拿「生產線」那一套邏輯思維運用於企業與教育，講求的是解出問題，然後複製答案，這種線性思維足以應付標準化程序。然而創新者面對今日暗潮洶湧的經濟社會，明白沒有一條完美的成功方程式，所以決定另闢蹊徑。

創新者不需要商管碩士學位、百萬美元資金、合適的時機、他人的認可或數年的經驗。彼得・提爾、邁可斯・列夫琴與伊隆・馬斯克創立線上交易支付平台巨擘 PayPal，但他們不是銀行家；陳士駿、查德．賀利與賈德．卡林姆創辦YouTube，自己卻不是影片專家；漢迪．烏魯卡亞創立全美最大的希臘優格品牌「喬巴尼」，卻沒待過任何食品加工廠；莎拉．布蕾克莉創立美國塑身內衣第一品牌Spanx，但一開始只是跑遍大小公司推銷傳真機的女業務。

創新者找到熱情所在，靠一股超越營收好壞的使命感驅策自己往前奮進。連鎖速食店Chipotle的創辦人史帝夫．埃爾斯說：「我們關心的絕對不只是墨西哥捲餅跟塔可餅，我想做的是顛覆大眾對速食店的想像。」星際探險公司SpaceX的創辦人馬斯克向我表示：「把人類帶上火星，就跟當年生物從海洋登上陸地一樣重要。」節能軟體公司Opower的共同創辦人艾力克斯．拉斯奇說：「沒有一舉成功這回事。決心與失敗都很重要。」

你會從本書發現今日的企業典範如何獲致亮眼成果，明白職業社群網站LinkedIn的共同創辦人雷德．霍夫曼為何會說你該「跳下懸崖，在下墜的過程中組裝好飛機。傑出的創新者很注重時間，因為你每一秒鐘都離地面越來越近。你該做的就是盡力造出一架會飛的飛機。」你會知道汽車共享公司Zipcar的共同創辦人羅蘋．雀斯在創業之際已四十二歲，有三個小孩，只是一心想讓大眾「想租車就租得到」。你也會明白為何商家點評網站Yelp的共同創辦人傑瑞米．史托普曼不認為第一個點子能成功，反而尋求「靠違反直覺的資料輔助繼續向前」。

這些創新者到底如何改變我們的生活？他們有什麼手段、特質、竅門與習慣，因此獲得成功？本書的問世，正是想回答這些問題。

下一個賈伯斯

伊莉莎白．荷姆絲十九歲時從史丹佛大學輟學創業。她對微流體與奈米技術很感興趣，想出一套創新的檢驗方法，期使醫療診斷更迅速與便宜，也更無痛與準確。如今她創立的血液檢測公司Theranos收費低廉，檢測的速度與品質卻更高，撼動整個醫療檢測產業，未來計畫提高醫療效率，最終目標則是靠掌握病徵，先行預防疾病。

荷姆絲說：「現實是如果你愛的某個人生了重病，其他事情都不再重要，但我們往往是在腫瘤形成並擴散以後才診斷出癌症，實在叫人心碎。我認為事情不該是這個樣子。」

荷姆絲是在二〇〇三年靠原本的學費當資金創立Theranos，在校園一處平房地下室工作，研發一種精密小巧的抽血裝置，只要往手指戳刺，便可抽取幾滴血液保存於「奈米皿」。但更創新的做法還在後頭。「我們必須想出迅速的檢驗方式。」荷姆絲說：「傳統的方式必須培養病毒與細菌，我們則是檢測病原體的DNA，所以檢測速度快上許多。」

二〇一三年秋季，荷姆絲宣布與全美最大連鎖藥局「沃爾格林」合作，Theranos在全美的據點增加為八千二百處。病患不必上醫院抽血，耗費數日等候檢驗結果，只需到當地藥局走一趟，檢驗結果的電子報告當天就傳至醫生手上，費用比傳統標準方式便宜一半以上，而且檢驗報告的電子圖表簡單易讀，無論醫生與病患都能靠手機等裝置迅速上網檢視。

儘管接下來幾年Theranos能替美國醫療領域做出諸多長足貢獻，荷姆絲並不滿足。「我的夢想是提供管用的資訊給醫病雙方，讓疾病預防成為可能。」她說：「這是我所能設定的最大目標。」

六項關鍵修練

一個大學中輟生如何想出在醫療領域掀起革命的創新技術？兩個舊金山窮哈哈的設計師如何打造共享經濟型公司，殺出重圍脫穎而出？馬里蘭大學美式足球選手如何面對惱人的球衣排汗問題，創立席捲全球的運動品牌？這些故事之所以難得與驚豔，是因為還沒有人破解箇中密碼，探討他們如何打破傳統並獲致長遠成功。

但現在破解了。

本書是根據二百位成功創新者的訪談而成，有些是創辦年營收超過一億美元的公司，有些是成立服務對象超過十萬人的大型社會企業。有些受訪者的公司甚至年營收超過十億美元。

我踏遍全美訪談一個一個創新者，試圖一窺他們的成功之道。他們投入的產業五花八門，包括科技、零售、能源、醫療、媒體、觀光、旅遊、房地產、手機程式與生物科技等。在研究期間，我一次又一次見識他們如何把「小點子」轉變為「大企業」。

根據我的研究，無論他們創立的是雲端儲存服務公司 Dropbox（年營收二億美元）、連鎖速食店 Chipotle（年營收三十九億美元），還是廉價航空公司 JetBlue（年營收五十七億美元），他們的成功之道簡直如出一轍。

每個創新者都異口同聲表示，他們追求的遠遠不只是大賺一筆——而是想改變世界。拍賣網站 eBay 創辦人歐米迪亞告訴我：「這個世代的科技人想把眾人集結起來，一起做各式各樣的有趣事情。這會讓人沉迷其中，獲得不可思議的幹勁，開創出前所未有的重大突破。」

我分析近一萬頁訪談逐字稿，檢視超過五千份紀錄檔案，試圖明白創新者如何打敗競爭者並顛覆整個產業，儘管他們有時被當作不切實際的夢想家。我以質化分析時常採用的「扎根理論」（grounded theory）為研究方法，把大量訪談紀錄分門別類詳加整理，找出成功創新者的六項關鍵修練。

為了測試並支持我的觀察結果，我研讀各個領域有關創業的研究資料，包括組織行為學、心理學、社會學、企業學、經濟學、策略學、決策理論與創意學，總共研究超過四千頁的學術論文，檢視數百個研究與實驗，並與頂尖專家請益。（我的研究方法詳見附錄。）

這是一段長達五年的漫漫迢途，最終我找出這些創新者的成功竅門。

成功創新者並非生來有辦法創立年營收達一億美元的大企業，而是付出許多辛勞努力，每位創新者在追求創新方面都有極其相似的基本做法。這些成功竅門可供我們學習、練習與傳播，分別自成本書的一章：

一、發現矛盾，跨界思考

創新者保持敏銳的心，睜大雙眼尋找有潛力的切入點，觀察尚待滿足的需求，看見別人沒看見的機會。他們往往善用三個不同技巧的其中一種：挪用點子、從頭創新或多方整合，而我分別把他們稱為太陽鳥、建築師與整合家。

二、當個迎向天光、永不回頭的賽車手

正如賽車手始終緊盯前方的道路，創新者也關注於未來，知道該先看著目標，才能抵達目標。他們衝得極快，不受車道或四周對手的影響，只是盯著遠方，留意變化，避免回顧過往，在瞬息萬變的市場一馬當先。

三、善用ＯＯＤＡ，四十秒內洞悉敵人

創新者會不斷修正假設，觀察、定位、決策並行動，迅速完成每次循環，就像提出ＯＯＤＡ循環這個概念的傳奇飛行員博伊德，靈活明快地做出一個又一個決定，勝過較不靈活的競爭對手。

四、對自己的失敗誠實

創新者懂得先犯許多小錯誤，以免遇到致命的大失敗。在犯小錯的過程中，他們會設定失敗比例，靠小嘗試檢驗點子，提升恢復能力，學著化挫折為成功。

五、天才不孤僻

為了解決形形色色的問題，創新者藉網路與非網路方式讓眾人集思廣益，提供認知差異，方法則是創造交流空間、建立快閃團隊、舉辦獎金競賽與善用遊戲，促使各路好

漢腦力激盪。

六、願當好人物，不當大人物

創新者樂於慷慨幫助他人，諸如提供資訊、給予機會或協助解決問題。行善乍看不像是一種創業竅門，卻是強化與他人關係的必要方法。如今世界日漸公開透明，人人互相依存，行善可謂創新者的一大利器。

這六項關鍵修練並非各自獨立，而是環環相扣，彼此相輔相成，推動你往前邁進。你不必具備獨特的專業能力，也不必具備特定的學經歷，就能充分善用這六大竅門。只要肯學肯幹，任何人都能把腦中點子轉為成功企業。儘管每個人都有強項與弱點，但只要勤加運用各個竅門，熟能生巧，就更有辦法好好把握每個機會。

當創新者發揮六項修練，就會如同磁鐵，吸引到下屬、顧客、投資人與各種合作對象，顧客替你宣傳，下屬替你賣命，投資人提供的協助超越金錢。

本書各章會說明創新者如何讓各種點子開花結果。創新者投入別具意義的工作，志在改變世界。只要你了解這六項修練，加以演練實踐，你也能加入他們的行列。

敏銳

第一章　敏銳的創新者

發現矛盾，跨界思考

發現，就是看到大家都看見的，
卻想到大家沒想過的。

——匈牙利生理學家暨諾貝爾醫學獎得主，亞伯特．聖捷爾吉馬斯克從小愛跟父母問東問西，也愛想東想西。「我大概天生是這樣吧。」他告訴我。他生於南非的茨瓦內，兒時嗜讀漫畫與科幻小說，翻遍百科全書，還喜歡電腦，從十歲即自學寫程式，在十二歲時跟弟弟金巴爾寫出外太空電玩遊戲《衝擊爆破》並對外販售。科幻喜劇小說《銀河便車指南》則教他質疑既有知識，並清楚明白關鍵在於問對問題。

由於一股旺盛好奇心的驅使，馬斯克很想移居美國，他說：「美國是探險家的國度。」他先搬到加拿大與親戚同住，打零工籌措大學學費：耕田、替木材加工廠清洗鍋爐，還有穿防護衣清除化學物質。他在就讀賓州大學的期間，總跟教授、同學、朋友和約會對象詢問同一個問題：「哪三樣事物最能改變人類的未來？」

到一九九五年，馬斯克發覺：「網路就像是人類新獲得的神經系統。」他指出：「我們先前就像是一個個細胞，只靠滲透作用彼此連繫，並不緊密，但要是有了神經系統，指尖的訊號可以瞬間傳到大腦，然後往下傳到雙腳。網路把人類變成螞蟻那樣的超個體。」

他申請到史丹佛應用物理所的博士班，但才讀兩天旋即休學，因為他發現網路的未來潛力與實際發展之間存在一條鴻溝，迫不及待想由此切入一展身手，興趣遠大過攻讀博士。他把履歷表寄給一九九〇年代中期炙手可熱的「美國線上公司」，接連致電詢問，甚至實際開車造訪，在公司大廳來回走動，期盼有人找他攀談，可惜這個期望終究落空。

他拿出二千美元積蓄與弟弟金巴爾創立Zip2，成為最早一批把影音內容放上網路的創新者。他們租下一間辦公室，白天把軟墊當沙發，晚上把軟墊當床鋪，藉此節省家具開銷，甚至在當地體育館淋浴洗澡。「你們有辦法取代這個嗎？」一位有意投資的人嘲弄地說，邊把一本黃頁電話簿丟到他們面前。馬斯克點頭離開。短短幾個月內，Zip2把各式地圖放上網路，也替《紐約時報》及赫茲國際集團等媒體業者把媒體內容上線。四年後，也就是一九九九年，康柏電腦旗下的搜尋引擎公司AltaVista花三億美元買下Zip2。

馬斯克有了資金，把目光轉移到「支票」的問題，認為現有的支付方式既討厭又過時，有時須拖上數週才完成交易，不但要郵寄支票，還要等銀行清算票據。馬斯克找到切入點，成立線上支付公司X.com，不久以後與另一家名為Confinity的新創公司合併為PayPal。二〇〇二年，eBay以十五億美元買下PayPal，但對馬斯克而言，這才只是剛開始而已。

接下來，馬斯克先後創立星際探險公司SpaceX、特斯拉電動車與太陽能板公司SolarCity等。我們能從這位出類拔萃的創新者身上學到什麼啟示？像馬斯克這種創新者為何能一再抓住機會？

人脈、技術、天分與資源當然有助做出驚天動地的大突破，但許多人這些條件一併俱全卻依然無法抓住機會，許多人條件欠佳卻一鳴驚人。也許成功創業其實關乎獨特的思維與眼光？也許馬斯克這種創新者具備敏銳洞察力與旺盛好奇心，看得見尚待滿足的需求？

本章指出成功創新者的與眾不同之處，說明他們如何用各種方式找出切入點。我把第一類創新者稱為**太陽鳥**，他們把一個領域的可行做法搬到另一個領域，並加以轉換調整。第二類創新者稱為**建築師**，他們如同把所需的家具補進房間，先是看見問題，然後設計嶄新的產品與服務，設法滿足需求。第三類創新者稱為**整合家**，他們結合數個截然不同的現有概念，獲得整合性成果。

囿於個人經驗，我們原本也許只能從一個角度看世界，但我們能學著靠各種方式找出機會，像創新者那樣自在遊走，獲得各種發現。

太陽鳥：跨界挪用

「我看著問題心想：我不要陷在這個領域裡看待問題，而是要跳脫到風馬牛不相及的其他領域，看能否觸類旁通，找到能挪用過來解決問題的辦法。」發明家狄恩・卡門說。他的發明包括賽格威雙輪電動車、藥物連續注射筒和iBOT機動輪椅等。「我發現別人在其他領域解決了這個問題，就借過來稍加修改。」他講完又揶揄地補上一句：「這招偶爾會管用。」

卡門熱中鑽研科學，尤其講究實際應用，住在新罕布夏州貝德福德鎮一棟六角形大宅，屋裡有各式各樣稀奇古怪的玩意兒，例如福特汽車創辦人亨利．福特當年擁有的一具大型蒸汽引擎。卡門每天開私人直升機上班，後來從直升機獲得靈感，發明一種血管支架。百特醫療用品公司原先製作的血管支架會在血管中塌陷，於是委託卡門設計更堅固的血管支架。卡門留意到直升機的旋翼能承受巨大壓力，著手研究旋翼的構造與功能，應用到血管支架的設計。

卡門看到一個領域的管用做法，就設法應用到另一個領域。他挪用航太產業用來保持機體平衡的迴旋儀技術，設計出賽格威雙輪電動車；他用兩組能交疊旋轉的輪子設計出iBOT機動輪椅，既能「爬上」樓梯，還能「站立」達一百八十公分高；他還設計出精密義肢裝置，以《星際大戰》的角色「路克．天行者」取名為「路克義肢」，上頭有十四個感應裝置，能偵測溫度與壓力，使用者幾乎能做出各式各樣的動作，例如拿鑰匙開門或抓住寶特瓶。

他最棒的發明也許是借用體育競賽概念而設計的「認識科學大賽」（簡稱FIRST），這個非營利大賽讓科學教育變得精采酷炫。「當時我靈光一閃，決定辦一個類似體育活動的競賽，所需技巧不只是『蹦蹦跳跳』那麼簡單。」卡門解釋說。他挪用體育競賽當場分出勝負的概念，設計一個長達六週的科學競賽，各隊學生必須靠普通零件造出機器人。「如果你想找頭好壯壯的頂尖大學校隊，我馬上能找給你，但要造好機器人就沒那麼容易了。」卡門打趣的說：「還有一點很棒，那就是不管你是一百五十公斤重、二百一十公分高，或者不同性別，都能待在同一隊。」在二〇一四年共計四十萬名學生參與這項競賽。

挪用式創新

太陽鳥有哪些特質？最顯著的特質是他們懂得把現有的做法加以改造創新，把不同地方或產業的概念乾坤大挪移，把過時的想法改造得足以順應現代需求。

太陽鳥分布於非洲、亞洲與澳洲，跟北美蜂鳥一樣主要以花蜜為食，在花間翩翩飛舞，順帶傳播花粉。

一言以蔽之，太陽鳥型創新者證明了改造既存點子等同於做出嶄新發現。他們拿這個領域的做法，滿足另一個領域的需求，這就是他們看見的機會。

比方說，星巴克執行長舒茨並未發明咖啡館——他只是借用而已。他具備敏銳的眼光，想像出咖啡館開設在不同國家的景象，於是決定引進美國。

在舒茨到義大利出差期間，他發現當地人喜歡聚在咖啡館裡，跟左鄰右舍一起品營義式濃縮咖啡。「咖啡館很溫馨舒適，氣氛和樂融融，顧客像是一家人。」他說。這是米蘭等義大利城市的重要文化。當時美國人要是到外頭喝咖啡，地點多半是簡便的餐廳，但舒茨看見咖啡館可以當作「第三地」：在工作與家庭之間的聚會場所。美國原本沒有這種地方，舒茨覺得機不可失，把咖啡館搬到美國很有勝算。

不過他剛開始的做法不太對。起初他把自己的咖啡館命名為Il Giornale（每日咖啡館），把義大利當地咖啡館的做法原封不動搬到美國，侍者打上領帶，歌劇音符飄揚。然而他旋即發現西雅圖當地的顧客不吃這一套，於是他改變做法：拿爵士樂與藍調取代歌劇，還加上座位，讓客戶不必站在吧檯前喝咖啡。這樣更動的背後有其道理，他發覺美國人喜歡邊喝咖啡邊用筆電的舒適環境。

太陽鳥會找到管用的點子，挪用到他處。首先檢視原本奏效的理由，再衡量兩個領域的異同，找出挪用的方式。包括舒茨等太陽鳥型創新者就這麼反覆斟酌思量。

星巴克ＶＩＡ即溶咖啡是另一個太陽鳥的例子。這種製造技術能保留咖啡豆的原始風味，最初脫胎自保存血球細胞的醫療技術。當年生物學家唐．瓦倫西亞找出把血球加以冷凍乾燥的技術，並應用於即溶咖啡粉末，在個人實驗室靠冷凍乾燥萃取技術製作即溶咖啡，沖泡給舒茨品嘗，舒茨對他的跨界應用驚為天人，決定請他擔綱星巴克的研發總監。在推出的第一年，ＶＩＡ即溶咖啡即在全美優質單杯咖啡市場搶下三〇％的市占率。

兩個領域越是天差地別，太陽鳥的創新越是前所未見。如果差距不大，會帶來眼睛一亮的創新；如果差距甚大，則帶來天翻地覆的突破。

類比的力量

太陽鳥善用類比的力量，能看見別人看不見的地方，把概念巧妙挪移運用。對比有兩個層面：「**表面類比**」代表產品的設計與外觀等有相似之處，「**結構類比**」代表產品的內涵具備相似概念。

舒茨見識到歐洲的咖啡文化，展開表面類比，再移植到美國本土。VIA即溶咖啡的萃取技術脫胎自血球保存技術，則是結構類比。

如果兩個概念或應用方式在結構層面彼此相似，挪用的成功機率較高。據說古騰堡是靠改良榨酒技術，進而發明活字印刷術。他觀察農民反覆榨出葡萄汁的手法，發覺能靠相同手法把油墨印上紙張。

太陽鳥型創新者懂得檢視事物底下潛伏的元素。喬治．麥斯楚觀察到芒刺靠細小倒鉤沾在他家小狗的毛上，進而想出魔鬼沾的點子。俄勒岡大學田徑教練比爾．包爾曼研究他太太的鬆餅烤盤，把一格格花紋樣式加以改良，做出耐吉公司的原創鬆餅格紋慢跑鞋。

想找出並挪用概念不見得有多容易。南美洲的印加人會替兒童做玩具車，卻從來不曾善用輪子做出大型貨車或戰車，反而是靠牲畜拖動重物。印加人明明懂得靠觀察星斗預測節氣，靠高等數學運算設計複雜的道路與建築，手術技巧也相當高明，卻沒有想到靠玩具車的輪子解決運輸需求。

「如果你花點時間好好思考，把事物拿來仔細比較，你大概就更有辦法把已知原則加以運用，提出嶄新的點子。」西北大學認知科學中心主任金特納說。跳躍思考能刺激大腦，有助把既有觀察轉換為嶄新的好點子。金特納以管理顧問、會計師、商學院學生與一般大學生為實驗對象，發現人類能靠參照比對來善用已知的概念。「把對比能力發揮到淋漓盡致，有助想出獨特創見。」金特納說：「不要抱怨：靠，這樣派不上用場。而是要問：我可以找出哪些相似之處？」

不受定見所囿

「我取得工程博士學位以後，做了一個學工程的人很少會做的決定，那就是投入醫學研究。」麻省理工學院蘭格實驗室的創辦人羅伯特．蘭格告訴我。「我想善用工程背景來解決醫學問題。」他把化學工程的原則跟想法應用到醫療領域，分離出一種血管新生抑制劑，用來阻斷癌細胞的供血，隨後他發明可以包覆這種抑制劑的聚合物，先直接植入腫瘤中，再緩慢釋出抑制劑。這項發明是一大醫學突破，徹底改變原有的投藥方式，如今不僅成為對抗癌症的一大利器，還用來對付糖尿病和思覺失調症等其他疾病。

麻省理工學院蘭格實驗室是全球最大的大學生物醫學實驗室，目前已催生超過二十五家生物科技新創公司，每家的營收皆超過一億美元。蘭格擷取靈感的來源不拘，包括文學、媒體、科學、大自然等無數領域，最近他才剛從電腦產業獲得靈感。「我看到電視節目在介紹電腦產業的微晶片，整個點子開始浮現腦中。」蘭格說。當時我們坐在實驗室裡，周圍是一部部離心機。「我看著微晶片，腦中開始聯想翩翩，想說也許這是向病人投藥的全新方式。」

他的聚合物晶片是以英特爾的微處理器為雛形。「你可以在晶片上設計用來投藥的孔隙。」他解釋說。這種人體晶片在診間植入病患體內，可接收特定頻率的無線電波，藉手機等外部裝置發訊控制投藥的種類與時間並加以記錄。「就跟拿遙控器打開車庫那樣。」蘭格拿另一個比喻加以說明。這種「晶片藥房」在二〇一二年成功替骨質疏鬆患者按日施加藥物。骨質疏鬆患者每日都要注射藥物，體內晶片宛若揭開一個新紀元，讓治療變得簡單而無痛。

蘭格還完成另一次太陽鳥的大飛躍，那就是從壁虎的足掌擷取靈感，發明在體內固定細胞組織的手術繃帶。壁虎能靠足掌牢牢抓住物體表面，他據此設計一種覆著黏膠的聚合物，可黏附於不平坦的表面，由人體逐漸吸收，也許能代替傳統手術縫合方式，例如不必再使用縫合釘。

太陽鳥不受社會或市場的定見所囿，不局限於特定領域的現有模式。然而太陽鳥不只從現有的想法看出機會，也懂得替過時的概念賦予新生。

自從人類一有車庫，車庫拍賣幾乎同時出現，但二十八歲的軟體工程師歐米迪亞在一九九七年仍從這個古老概念中擷取點子。「我做的只是把一般世界裡運作得非常良好的交易模式搬到網路世界。」eBay創辦人歐米迪亞說。當初eBay的概念核心就是一個太陽鳥型的類比。

「我會讓自己栽進眾聲喧嘩之中，不只聽最聰明的策略家跟大天才怎麼說，也聽一般市井小民怎麼說。」歐米迪亞告訴我。「我就像是讓自己面對文化衝擊，彷彿在跟講別種語言的人交談。」

克雷格．紐馬克也是從傳統分類廣告擷取靈感，創立免費分類廣告網站Craigslist。潔西卡．赫琳把玫琳凱化妝品公司的直銷模式做出嶄新應用，創立年營收達二億美元的珠寶品牌Stella & Dot，供三萬名女性以網路與傳統方式銷售珠寶。此外，許多人時常忽略的是，谷歌兩位創辦人賴瑞．佩吉與謝爾蓋．布林當年在史丹佛圖書館搜索論文資料，接觸到「書頁排名」（PageRank）演算法，後來把這種過時的搜尋方式加以改良更新，想出谷歌的「網頁排名」搜尋演算法。

「當年許多人認為搜尋沒什麼好改進了。」史丹佛大學校長約翰．軒尼詩說，當時我們浴著陽光坐在史丹佛院旁的校長室裡。「用搜尋引擎公司AltaVista找的資料會一筆一筆列出來，呈現方式非常好。」然而搜尋出來的大量資料並未經過妥當排列。軒尼詩校長憶起當年，笑著說：「我輸入『軒尼詩』這幾個字，會先跳出來五十個不同的軒尼詩白蘭地網頁，但這才不是我要查的『軒尼詩』。傑哈德．卡斯珀擔任史丹佛校長的時候，抱怨說要是搜尋『卡斯珀』，搜到的資料卻是電影『鬼馬小精靈』的同名主角。對一個鑽研憲法的德國學者來說，這可一點也不好笑。」當年仍是學生的佩吉與布林發覺「書頁排名」演算法可以應用到線上搜尋，把搜尋結果加以分類排列。「谷歌當初是應用現存技術。」軒尼詩校長解釋說：「那幾個年輕人不覺得現有的搜尋技術已經盡善盡美，所以把舊技術應用到蓬勃發展的網路世界。」

看見別人看不見的地方

我們該怎麼做才更有辦法像太陽鳥般挪用點子？關鍵的第一步是保持靈活，把乍看無關的事物加以比較。太陽鳥主動善用類比，不斷思考如何改善現有概念。回顧過往相似的舊情形，也往往有助提出新點子。太陽鳥會衡量一項策略原本能奏效的原因與方式，思考該如何應用於新領域。

換言之，不是思考如何發明新式血管支架，而是想像直升機的旋翼；不是思考如何發明新式投藥方法，而是聯想英特爾的晶片；不是思考如何製造一般的即溶咖啡，而是挪用醫療領域的冷凍乾燥技術以萃取咖啡獨一無二的美妙風味。你不妨思考底下的問題，藉此感受太陽鳥的思維：

假設你是一名醫師，你的病患得到胃癌，無法靠手術切除，但除非消滅癌細胞，否則病患會喪命。目前有一種放射線可以消滅癌細胞，但強度太弱則無效，強度太強又會傷害正常細胞。你該怎麼靠放射線消滅癌細胞，並避免損害正常細胞？

這是密西根大學心理學教授馬琍．吉珂與凱斯．何力柯所做認知心理學實驗的其中一題，僅不到一〇%的受試者能說出答案。然而要是讓受試者讀一則乍看無關的故事，答對機率則提高。

某個小國由暴君統治，他的堡壘固若金湯，位於全國中央，四周是農地與村莊，靠許多道路往外連通。一名叛將誓言攻陷堡壘，只要召集整支部隊即可辦到。他在其中一條路的盡頭召集全軍，準備大舉進攻，卻赫然得知暴君在每一條路皆埋設地雷，只能容許一小群人通過，畢竟暴君的部隊與工人必須進出堡壘，但要是一支大軍想強行通過，地雷將轟然引爆，不只炸毀地面，也會摧毀鄰近村落。這樣一來，攻陷堡壘似乎是天方夜譚。

這名將軍想出一個簡單的計策。他替軍隊分組，每組各自部屬到一條路，等全軍準備就緒，他發下信號，各組開始沿不同道路往前進攻，最後全軍同時抵達堡壘，攻陷城池，推翻暴君。

如果受試者先讀這個故事再回答癌症的問題，大約七五%的受試者想出該如何拯救病患。他們把軍事策略應用於醫療領域，認為醫生能從不同角度分散放射線，這樣既能消滅癌細胞，也不至於損及周圍的正常細胞。受試者通常滿腦子想著癌症與放射線，最後判定病患是死路一條，但要是我們善用類比，或許能另闢蹊徑，想出解決之道。

太陽鳥設法看見別人看不見的地方，對各種事物多方涉獵，從乍看風馬牛不相及的領域找出關連，改造現有概念。

然而挪用概念不是唯一一招。有些創新者是從頭打造全新的點子。

建築師：從頭打造

二〇〇一年某日，馬斯克和他在賓州大學的室友兼好友亞迪歐・瑞西塞在長島高速公路上，乘機苦思職業生涯的下一步該怎麼走。他們都是功成名就的企業家，瑞西創立軟體公司Methodfive，馬斯克創立的PayPal則即將問世。後來他們聊到星際探險，好奇該怎麼讓這種探險成真？起初他們覺得這只是癡人說夢，畢竟星際探險所費不貲且錯綜複雜，但在堵塞的車陣當中，他們心想：到底有多難？他們再往前開幾公里，計算起太空船的花費，把太空旅行逐項拆解，一一討論。等他們開到往曼哈頓的中城隧道之際，他們開始揣測美國太空總署登陸火星的預定時程。

馬斯克直接用電腦連上太空總署的官網查詢火星計畫，卻一無所獲。為什麼？「我原本預期太空總署正為登陸火星做準備，卻找不到相關資訊。」他說。馬斯克想靠新掙來的大筆資產做點事情，其中一項就是激起各界對太空的興趣，於是他贊助一項研究計畫，探討地球的植物能否生長於火星的土壤。他想像把一小棟溫室送上火星表面，靠再水化凝膠提供養分，那棟溫室則命名為「火星綠洲」。「把綠色植物帶上紅色火星的點子可以讓大家燃起興趣。」馬斯克興沖沖的說。然而他在多方衡量之際碰到一個難題：「我可以省掉許多費用，唯獨火箭的費用實在負擔不起。」

馬斯克前往蘇俄欲購買維修過的洲際彈道飛彈，儘管談出每枚二千萬美元的價格，遠比每枚六千五百萬美元的美國製飛彈便宜，但馬斯克仍嫌太高。

馬斯克思考是否能製造更先進但廉價許多的火箭。他找上航太專家、創業顧問提姆．坎崔爾，還有住在加州東南部莫哈韋沙漠的推進裝置專家湯姆．穆勒，穆勒先前曾在自家車庫造出火箭引擎。馬斯克跟坎崔爾與穆勒攜手建立一支團隊，研究是否能造出更便宜的火箭，結果發覺可行。「我想我們可以自己來。」馬斯克說。

把握基本原則

建築師型的創新者有何特點？他們看見空地，手持一張白紙，從頭開始打造。專業建築師設計摩天大樓，建築師型的創新者則具備分析空地的獨道能力，想像各個元件如何拼湊出全新的合理設計。

首先，建築師著眼於目前還**缺少**什麼。他們不是著重現在已有的做法，而是關注目前欠缺的做法，聽見別人聽不見的聲音，留意別人忽略的事物，只要發現一丁點不尋常之處，立刻追問：「為什麼是這樣？」我們往往拿現有框架套用到不尋常之處，建築師卻不願這般輕忽大意，反而是把握良機。

馬斯克不明白為何現有的火箭如此造價高昂，決心好好鑽研，發覺問題出在研發人員只求火箭發揮最大效能，卻不顧製作成本。幾無例外的是，火箭是依照訂單特地打造，僅可使用一次。如果波音七四七飛機從紐約飛到倫敦一趟就要報銷，搭機旅行自然也會貴得令人咋舌。馬斯克認為問題的關鍵在於要讓火箭得以重複使用。此外，政府是跟波音、雷神與洛克希德等大型航太公司購買火箭，採取非競爭類產品的成本加成定價法，費用自然居高不下，加上這些公司所用的元件是由轉承包商製作，各個元件沿用六〇年代的舊型設計，更是拉高價格與元件複雜度。「我們必須有一間新公司逼大家提升技術，這就是我創立SpaceX的原因。」馬斯克說。

建築師會跳脫現有認知，多方測試，藉此提出嶄新想法。他們認為打破砂鍋問到底才是發明之鑰，抱持孩童的天真，抱持初生之犢的精神，質疑所有的既存認知：「如果換個做法可行嗎？」

馬斯克最初是問：「火箭是由哪些材料製造而成的？」答案包括航太級鋁合金、鈦合金、銅合金與碳纖維等。他繼續問：這些材料在大宗物資市場的價格高嗎？結果他發現材料花費只占一般造價的二%，於是確信自己能打造出便宜許多的火箭。他採用穆勒在車庫做出的穆林式引擎，開始一步一步打造火箭。某個廠商指出如果閥門要改小，必須花一年時間製作，價格為二十五萬美元，馬斯克聞言決心自己製造閥門。另一個廠商提高鋁鑄燃料槽的價格，馬斯克一聽馬上在SpaceX位於加州霍桑市的工廠後方另闢鋁槽生產部門。如今SpaceX可以自行製造八〇%的所需火箭元件。

「當我創立SpaceX的時候，我對生產製造一竅不通。」馬斯克告訴我：「我實在不清楚大型元件該如何製造。」不過他懂得把事物拆解為基本原則，從最基本之處著手。「我傾向於從基本原則架構切入。」他解釋說。

基本原則是最根本的自證原理。在數學領域，這稱為公理或公設；在物理領域，「根據基本原則」是指依據最基本的事實；在哲學領域，這稱為基本假設，亞里斯多德則稱之為體系的基石。建築師必須一一檢視既定前提，找出箇中問題，才算得上把握基本原則，從而找到切入點。

這般另闢蹊徑有賴不屈不撓的精神，而且往往面臨失敗。「我們確實碰到一籮筐的問題。」馬斯克坦承。二〇〇六年三月二十四日，他在馬紹爾群島的試射場發射第一枚火箭，但火箭才剛升空之際，引擎即因燃料漏洩起火，整枚火箭旋即墜毀。一年後，火箭因過度振晃問題而墜毀。二〇〇〇年八月三日，第三枚火箭墜毀，一起沉入大海的包括美國太空總署的彈頭，還有飾演電視影集《星際爭霸戰》劇中角色史考提的演員督漢的部分骨灰。「當時壓力很大，真是很可怕。」馬斯克回憶道。第一個進入地球軌道的美國太空人約翰．葛倫公開抨擊馬斯克不該把太空旅行商業化。馬斯克已花掉一億美元的個人資產，須對外尋求資金才能負擔下一次發射火箭的費用。就在第三次墜毀事故的四天以後，他在SpaceX的官方部落格發文表示他「確實找出問題的根源所在」。

馬斯克的太空傳奇

三、二、一，發射。橘亮火焰與滾滾濃煙從二十二層樓高的火箭底部冒出，共計一百三十萬磅的推力把火箭推向夜空，上頭的太空船「飛龍號」很快會抵達國際太空站，替太空站工作人員補給飲食、衣物和新的實驗器材。發射顯然成功以後，美國太空總署卡納維爾角的指揮所響起掌聲，但在場的他們可不是美國太空總署技術人員，也不是國防工業的大老，而是一小群穿卡其短褲配T恤的工作人員，由馬斯克所領導。這天的日期是：二〇一二年五月二十二日。

飛龍號締造歷史，成為第一艘由私人設計、建造、發射，並替國際太空站完成補給的太空船。升空的九天後，也就是二〇一二年五月三十一日，飛龍號脫離國際太空站，開始返回地球。

「成功降落海上！」馬斯克在推特上宣布好消息——這時飛龍號剛比預計時間提早兩分鐘完成任務。

如今SpaceX與美國太空總署簽訂十六億美元的合約，負責國際太空站的補給任務，已排定三十六次發射計畫，雇有三千名技術人員負責設計與建造火箭引擎。

馬斯克在工程領域全憑自學，卻成功設計出一系列的新式火箭，不僅能把太空船送上太空，造價還遠低於美國太空總署與歐洲太空總署等國家級單位的火箭與太空梭，從建造到升空的總花費大約只需一般太空梭的十分之一。

然而馬斯克更大的目標是把生物送上其他星球。他先匆匆跟我敘述過去幾十億年的生物演化史，使我聽得暈頭轉向，接著他說演化的下一步就是把生物送上火星，而這有賴降低太空旅行的費用，還需要發展可重複利用裝置的技術。「現在我們正開始要測試火箭的垂直發射與垂直降落。」馬斯克雙眼發亮地說：「就像科幻片那樣，火箭起降時引擎只會噴出一點點火花，那才是火箭應該有的起降方式。」

擅長發現問題

建築師擅長發現問題，辨認瓶頸與障礙，然後提出新點子。

在SpaceX成立一年以後，馬斯克眼看通用汽車強制召回一號電動車並銷毀，車主（皆為租用用戶）紛紛表示遺憾失望。「那時我發覺有必要成立特斯拉汽車公司。」馬斯克說：「這樣才能刺激汽車產業回頭製造永續環保的車輛。」

馬斯克一方面拆解火箭的各個元件設法降低造價，另一方面分析電池的構造，衡量造價，憑基本原則打造出全新的電動車。現有的汽車電池換算每度電需六百美元，但他依照現行匯率計算碳、鎳、鋁在倫敦金屬交易所的價格，認為每度電約僅需八十美元，電動車不僅能持續提升性能，也能不斷降低價格。

二〇〇六年，馬斯克發現一般美國家庭會因價格卻步，不願在住家屋頂安裝太陽能板，但他認為這項生意有其需求，決心與兩位表弟林登．賴夫與彼得．賴夫創立太陽能板公司SolarCity，投入太陽能板的設計、安裝與監控服務，靠跟銀行與大型公司合作以籌措資金，供客戶節省暖氣等花費。

「問題出在哪邊？」建築師會這麼問。他們相信一旦找出問題，就能加以解決。這可以像是馬斯克「想解決人類的問題」那般恢弘，也可以像是讓內衣更加舒適那般實際。建築師靠留意惱人的事物找出機會——例如布蕾克莉就碰到一件非常討厭的事情。

Spanx褲襪：男人無法理解的事

當年布蕾克莉在亞特蘭大跑遍大小公司兜售傳真機，飽受喬治亞州酷熱天氣的煎熬折磨。為了展現專業形象，她必須穿尼龍褲襪，雖然腿部線條變好，卻很不舒服，而且褲襪縫線從露趾高跟鞋的前端一目了然。她試著把足部那截剪掉，但這招並不管用，整條褲襪會往上溜。

她請百貨公司的店員推薦長褲裡的穿搭。「他們一直叫我去體育用品專櫃，拿有大綁帶的自行車褲給我。」布蕾克莉說。可是自行車褲無法穿在白長褲裡面。於是也有店員建議她改穿丁字褲。「丁字褲沒辦法拯救我的象腿啊，我穿起來很沒安全感。」她抱怨道。至於其他女性是怎麼做？布蕾克莉轉述尼曼百貨一位專櫃小姐的話：「很多人都會把褲襪底下剪掉，再靠橡皮筋固定住。」布蕾克莉聽完眼睛一亮。「我就這麼看見一個好機會！」她說。

布蕾克莉沒上過商管課程，也沒待過服飾業，大學主修法務溝通，但自稱「兩次考法學研究所都考得很糟」。她在擔任傳真機銷售員之前是在迪士尼樂園工作，穿著一身橘色制服，協助每個遊客從輸送履帶跨上遊樂設施。

布蕾克莉一向很有自己的想法。她自行做出沒有足部的褲襪樣本，致電一間間褲襪工廠，但對方全部不為所動。「我要當面去談才行。」布蕾克莉告訴我：「於是我請假一個星期，開車到北卡羅萊納州去找每個掛我電話的人好好當面懇談，這時我才發現他們**統統都是男的**。」

她試著解釋無足部褲襪的特點，也說明塑腿襪的好處，他們卻如同鴨子聽雷。這時她才恍然大悟：「也許這就是褲襪穿起來那麼不舒服的原因！」生產褲襪的傢伙，自己卻不穿褲襪。「你知道我們有多可憐嗎？」她問這些製造褲襪的男性：「我們午餐時間要把褲襪的鬆緊帶扯開，否則根本無法呼吸。」

她造訪一間間褲襪工廠，漸漸找出問題所在。廠方為求降低成本，每條褲襪皆使用中等長度的鬆緊帶，不管大小尺碼統統一視同仁，拿紙筆負責檢查的主管只是盯著產品說：「嗯，這件是M號沒錯。」他們並未找女性實際試穿。

儘管她實地造訪北卡羅萊納州跟褲襪工廠的主管當面懇談，卻依然接連碰壁。可是兩星期以後，高地褲襪工廠經理致電她說：「布蕾克莉小姐，我決定試試妳的瘋狂主意。」因為他的三個女兒在吃晚餐時說服了他：「老爸，這點子很讚，你該幫幫那個小姐。」

歸零的必要

建築師即使沒有獲得外界的認同，仍會堅定的往前邁進。第一年期間，布蕾克莉只跟能幫助她邁進的工廠老闆與律師分享這個點子。「我們多數人想把點子告訴同事、朋友或另一半，但原因是什麼？我們只是想聽到對方說：『這主意不錯唷。』我們想獲得他們的贊同。可是我覺得剛提出來的點子其實經不太起打擊。」布蕾克莉說：「朋友或家人會基於關切或擔心，找出種種反對的理由，但我可不想好端端地被潑冷水。」建構想法得花時間，解決問題得靠毅力。

「這有點像是別人在打出全壘打時會超級興奮，我則是在想出更好的做法時會超級興奮。」布蕾克莉告訴我：「但要堅持己見走下去，實在要很大的幹勁。」

布蕾克莉想申請專利。她走訪亞特蘭大的許多頂尖律師事務所，向一個個男性律師解釋她的產品，結果他們顯然很難理解這項產品的潛力。其中一位律師緊張兮兮地環顧四周，後來坦承他以為她是在開玩笑，正在錄製整人節目。她覺得花三千美元請律師寫專利申請書很不值得，於是買書學著自行撰寫，把從事水彩藝術的母親列為產品設計人，再花七百美元請律師修改成法律用語。布蕾克莉聽說「k」這個發音有助產品吸引消費者的注意，包括可口可樂和柯達都是例子，某日她開車時靈光一閃，決定把產品取名為「Spank」，後來改為更鮮明好記的「Spanx」。

信心往往來自於知道該怎麼做，但建築師設計新產品時可沒人教他們，他們只是相信自己也許有個更好的點子，也不管是否有人認同。

「我滿慶幸沒人教我該怎麼切入這一行。」布蕾克莉說。比方說，她只是花十分鐘打一通電話，就說服尼曼頂級百貨的一位採購人員跟她碰面。為了說明現有問題與她的解決之道，她直接請那名採購人員進試衣間把她的產品穿在白長褲裡。業界的標準做法是在服裝展發表產品，所以後來別人問她：「妳怎麼能進尼曼百貨拉生意？」但布蕾克莉笑著回答：「打電話約啊。」當年她壓根不知道服裝展這一回事。

「現在我會問員工：『如果你對你的工作一無所知，你會怎麼做你這份工作？』」布蕾克莉告訴我：「花十五分鐘就好，把原本的認知忘得一乾二淨，而且也沒人來教你該怎麼做，那麼你會怎麼做呢？」她舉例說明該如何設計一款新式胸罩：「我看著胸罩心想：為什麼胸罩要是這副模樣？為什麼當年要這樣設計？因為當時的技術只能做出這種樣式？胸罩要怎樣才會穿起來更舒服？由兩條鬆緊帶繞到背後弄得皮膚不太舒服真的合理嗎？我們可以怎麼重新設計胸罩呢？」這些問題催生前扣無痕胸罩，如今成為熱銷產品。建築師會拿起尋常可見的小東西心想：「這東西為什麼是這個樣子？」「要如何改良呢？」

無論是茱莉亞·羅勃茲、葛妮絲·派特洛、潔西卡·艾芭、你的鄰居或同事，統統對布蕾克莉的產品趨之若鶩：Spanx推出的舒適內衣在大眾之間口耳相傳，造成轟動。截至二〇一二年，Spanx的無足褲襪與無痕束身褲已分別賣出九百萬雙與六百萬雙。

布蕾克莉躍居全球最年輕的白手起家億萬女富豪。

懂得運用反常之事

建築師不僅大破大立地提出新發明，還會不斷**思考**。「我的娛樂就是思考。」布蕾克莉說。當時她坐在鮮紅色系的個人辦公室裡，其中一面牆從地面到天花板貼滿《生活》雜誌的舊封面。「我沒有嗜好，也不看電視，只是一直東想西想。」她解釋自己靠一個獨特方式在每天上班以前保留思考時間：「從我家開車到公司只要五分鐘，但我會在上班時間的四十五分鐘以前就上車，然後開車上路假裝是在通勤。」對她而言，這樣開車有助解放大腦，足以激發靈感。馬斯克也說過大同小異的話：「在我睡覺、沖澡，還有醒著的每分每秒，頭腦深處一直都在思考。」推特與手機付費公司Square的共同創辦人傑克．多西則利用在舊金山走路上下班時思考，這是他預留的腦力激盪時間。

這些創新者都在思考什麼呢？他們比大多數人更懂得運用反常的事物，像是訓練有素的偵探，懂得從蛛絲馬跡中看出矛盾，從各個事物中看出漏洞。我們多數人能察覺有事物不對勁，套用學界說法就是會「暗自覺察」（tacit awareness），卻往往把這份覺察置之不理。相較之下，建築師會正視問題，仔細追問：是否能從哪個小地方切入，一切就豁然開朗？是否能用另一種方式解讀現有狀況？別人的做法是否有盲點？

建築師抱持開放態度，設法超脫舊思維。心理學教授約各．葛佐爾斯以創意為研究主題，認為有些人能不為定見所囿。以下例子說明學界所謂的「發現問題」有多重要：

一輛汽車在荒郊野外爆胎，車主走到後車廂，卻發覺沒有千斤頂。他們把問題解讀為：「我們上哪去找千斤頂？」他們環顧四周，只看見空蕩蕩的穀倉，到處杳無人煙。他們回想起先前經過一間加油站，離這邊才幾公里遠，於是決定走回那家加油站借千斤頂。

他們離開以後，對向也有一輛車爆胎，車主同樣查看後車廂卻找不到千斤頂。他們把問題解讀為：「我們該怎麼把車子撐起來？」他們環顧四周，發覺路旁一間穀倉設有把乾草運上閣樓的滑輪裝置，於是他們推車子到穀倉旁，靠滑輪拉起車身，更換輪胎，然後重新上路。

對問題的解讀不同，得到的答案也就不同。「我盡量以一顆開放的心來看事情。」馬斯克說。「我一碰到問題，就會從不同角度來看。」布蕾克莉說：「我想找到切入點。」建築師懂得後退一步，隔點距離多方衡量。

建築師一層一層剝開既有想法，大破大立，從頭建立嶄新的概念。

不過也有一種創新者能結合不同的點子，獲得整合性成果，我把他們稱為整合家。

整合家：多方融會

「我兩個都要！」連鎖速食店Chipotle的創辦人埃爾斯說。當時我們正在他位於紐約的辦公室碰面，而Chipotle的年營收已攀上三十六億美元。「我從小就不喜歡退讓。我爸媽叫我二選一，但我的回答是：『我兩個都要！』大概我的思維就是這樣吧。」

埃爾斯成長於科羅拉多州的波德市，從小會緊盯著電視目不轉睛，但不是看米老鼠或兔寶寶，而是看名廚克爾或茱莉亞．柴爾德的節目。他小學時學會做荷蘭醬，高中時開始蒐集食譜並舉辦餐會。根據他的好友暨Chipotle共同創辦人曼提．莫倫表示，在他就讀科羅拉多大學的期間，「大家都很窮，他卻肯用紅酒醬汁做油封鴨，下廚時盡量選用他所能找到最好的奶油與鹽巴。他大概是史上花最多時間逛雜貨店的傢伙。」

如同預料，埃爾斯在大學畢業以後，進入紐約州海德帕克鎮的美國烹飪學院就讀。「那時非常好玩，我過得超級開心。」他眉飛色舞地說。後來他前往舊金山，在名廚傑洛米亞．托爾領軍的繁星餐廳工作。

埃爾斯趁休假走訪舊金山的小拉丁區，著迷於那裡色香味俱全的墨西哥美食。某日他看到一間塔可餅店大排長龍，從店門口延伸到街角。那次排隊很值得：食物新鮮燙口，教他吃得心滿意足。他拿起一張餐巾紙，留意到長長的隊伍其實前進得很快，於是他預估每位顧客的平均消費，加以計算，發覺店家簡直賺翻了。

埃爾斯興沖沖地打給在藥廠擔任主管的父親。「兒子，講慢點。」他父親說：「你想賣墨西哥捲餅？」他確實很想。

兩星期後，埃爾斯用一輛大貨車把家當載回科羅拉多州，租下店面，開設他的第一間店。「那間店面約二十五坪每個月的租金要七百五十美元。我隨便請人施工，還到五金行挑些自己覺得很酷的便宜玩意兒，反正想省錢嘛。」他說。

第一間Chipotle在一九九三年開幕。

埃爾斯想創立一家與眾不同的連鎖速食店。「我開Chipotle時確實不想妥協，既要用高品質的食材，又要出餐迅速，還要價格低廉。」他說。他拿出在美國烹飪學院所磨練的廚藝，結合墨西哥小吃，開創出一種全新的餐飲類型——休閒快餐。

太陽鳥是挪用不同領域的點子，建築師是從頭打造點子，整合家則是融合現有點子，設法推陳出新。他們結合互異的概念，開闢嶄新的道路。

混搭香料，能創出獨特風味；結合不同年代的流行元素，能創造一波一波時尚潮流；並置不搭調的想法，能產生笑點，逗得我們哈哈大笑。在畫壇，畢卡索跟布拉克想出立體主義等抽象畫風，把物體拆散再重組；在音樂界，非洲音樂與歐洲音樂迸出火花，催生出爵士樂；在學術界，不同學科相互統合，行為經濟學、生物資訊學與地球物理學於焉誕生。

然而，搭配成功以後自然是顯得理所當然，成功以前卻要經過一番苦思。不過整合家就是有辦法結合不同元素，從中發現天作之合，看見絕佳機會。

整合家是如何做到這一點？其中一個方法就是實際把不同元素加以混合與配對。

針對特定切入點，審慎推估

「我們選用永續的食材，採取正規的烹調手法，店員還會了解顧客的需求，不管顧客是重視美味或想要減肥，都能量身訂做餐點。」連鎖速食店Chipotle的創辦人埃爾斯說。

Chipotle採取開放式廚房，顧客可以一目了然。「我想讓顧客看到我們是用整顆新鮮酪梨來做酪梨沙拉醬。」埃爾斯說。他受過正規的廚藝訓練，不願只求迅速便宜，卻犧牲掉食材的新鮮度。不過另一方面，他也跟多數專業廚師不同，儘管力求提供高品質的美食，但仍想壓低價格，提高出餐速度。

埃爾斯鄙夷地解釋說，一般的速食是「依照編號點餐」。「你會說：『一號餐。』店員聽完轉過身去準備，然後把預先包裝好的高度制式化餐點拿給你。」時至今日，速食仍顯呆板無趣。「他們不是在下廚。」他說：「餐點極度制式，只想保持產品的一致——普通得很一致。」

埃爾斯不願只求出餐迅速並預先做好餐點，而是設計一套他口中的「依照隊伍來烹調模式」。廚師必須留意點餐人數，如果大排長龍就多做幾份，反之則少做幾份。

這套做法符合正統料理技巧。「我們的很多餐點都要準備很久，烹調起來相當耗時。」他說：「但只要採取這套做法，即使從頭料理，也能迅速供應大量餐點。」

整合家不是亂槍打鳥，胡亂加進不同的新元素，而是審慎衡量推估，關注於特定的切入點。

Chipotle只供應墨西哥捲餅、墨西哥飯、塔可餅與沙拉，不供應咖啡、餅乾或早餐。埃爾斯整合不同元素，志在供應「世界上最讚的墨西哥捲餅」。

「我一直絞盡腦汁，左想右想要怎麼做得更好。」埃爾斯說。他最近新推出不少做法，例如靠一項技術讓墨西哥乾辣椒呈現更濃厚的煙燻風味，改靠人工切洋蔥丁（若靠食物處理機則會過度降低所含水分），靠不同方式烤墨西哥辣椒，還有增加墨西哥綠番茄的炙烤時間（墨西哥綠番茄是店內「鮮翠沙拉」的一大主角）。顧客嘗得出差異嗎？大概無法。然而整體來看，埃爾斯開創的休閒快餐廣受大眾歡迎。

埃爾斯把「有誠信的美食」等六個字列進最新版傳單。二〇〇一年，他走訪尼曼牧場，發覺新鮮食材的供應量其實不夠。尼曼牧場赫赫有名，鄰近舊金山地區，在飼養過程從不施打抗生物或荷爾蒙，替柏克萊的「帕妮絲之家」等高檔餐廳供應食材。速食店通常不供應有機蔬菜，也不選用自由放養的牛肉、雞肉或豬肉，但埃爾斯告訴我：「我覺得這些符合永續概念的食材不該只是由金字塔頂端的少數人享用，而是普羅大眾都能享用。」

Chipotle完全是運用原本就有的食材、餐點、烹飪手法與餐廳風格，但埃爾斯懂得整合各個元素，開創出嶄新的休閒快餐模式。「我是開速食店，卻不懂這一行的規則。」埃爾斯說：「所以是拿上等餐館的那一套。」

靠整合來創新

整合家怎麼看見機會？其中一個方式是單獨衡量各個元素，思考互相結合的方式。「蠟燭測驗」可當成一個例子。這個測驗最初是由完形心理學家卡爾・鄧克提出，並在二〇〇三年由史丹佛研究員麥可・法蘭克與麥可・瑞斯卡重新施測。

在最初的測驗裡，受測者拿到一根蠟燭、幾根火柴和一盒圖釘，題目是設法把蠟燭固定在牆上。多數受測者試著靠融化的蠟油把蠟燭黏到牆上，或靠圖釘把蠟燭釘在牆上。只有二五％的受測者發現正確做法，那就是先把圖釘拿到盒外，把盒子釘在牆上充當平台，然後把蠟燭擺上去。換言之，關鍵在於把圖釘盒看作平台，但多數人沒想到這一招，受限於學界所謂的「功能固著心理」。

法蘭克與瑞斯卡則稍加修改，替題目的幾個用詞加以強調：「桌上有一根蠟燭、一個裝著圖釘的盒子，還有另一個裝著火柴的盒子。」結果想出正確做法的受測者增加一倍，達到五〇％。當研究人員標明各個物品以後，受試者更能靈活運用手頭物品。整合者正是有辦法單獨衡量各個部分，從而以別開生面的方式重新結合與融會。

整合家也能從相反的概念中看見機會，獲得突破性發現。儘管學界並未提出一套創意公式，卻留意到整合有助創新。阿拉巴馬大學心理學教授湯瑪斯・瓦德分析新點子的來源，發現出乎意料的反常類比是一大功臣。瓦德在二〇〇二年做一項實驗，請大學生解讀由形容詞與名詞組成的各種詞組，並「說出最能表達整個詞組的一個意思。」實驗結果清楚指出兩種組合最能激發創意的答案：一種是奇怪的詞組，例如「赤裸的敵人」或「有趣的延誤」，另一種是反義的詞組，例如「健康的疾病」或「痛苦的歡樂」。

舉「豪華休旅車」為例。豪華休旅車是結合兩個截然不同車種的嶄新概念：一種是講究舒適的高級車，一種是具備四輪傳動的越野車。「艱苦舒適」型旅行團適合那些既愛舒適又想探險的旅客；「樸素雅致」式裝潢迎合那些既愛休閒風、又愛高檔風的顧客。整合家把毫不相干的元素兜在一起，深入思索**激昂**與**平靜**、**孤獨**與**友誼**、**奢華**與**平價**等反義詞，從而開創新商機，找到切入點。

兼容式思考（Janusian Thinking）一詞代表有能力同時處理兩個或數個相反的概念或影像。「Janusian」（兼容）這個單字源於羅馬的「Janus」（雙面神，兩張臉分別朝著相反方向），由致力探討創意產生過程的精神科醫師亞伯特·羅騰貝格所提出。羅騰貝格研究諾貝爾獎得主如何並置不同概念的能力，發現這些頂尖的生理學家、化學家和物理學家擅長找出不同概念之間的關連，普立茲獎得主與各類藝術家也往往有此能耐。他從而認為，矛盾概念能激發創意。

購物網站Gilt的幾名創辦人正是善用兼容式思考。Gilt以販售精品為主，結合「會員專屬特賣」與「大眾網路行銷」這兩個相異元素，開創「平價奢華」購物模式。

時尚與宅界的結合

當年梅班克與薇爾森會偷偷溜出公司，趕赴紐約曼哈頓各處的會員特賣會，一心想用漂亮價格買到心儀的精品，簡直是風雨無阻。她們知道特賣會是吸引殺紅了眼的行家，一個個時尚達人專挑這類良機搶購打折的服飾與精品。

「在二〇〇七年那個時候，雖然時尚精品與電子商務各自蓬勃發展，卻沒有彼此結合、迸出火花。」梅班克說。先前她任職於eBay，協助公司成立加拿大拍賣網與汽車銷售網，她的好友薇爾森則待過路易威登與寶格麗。她們根據個人經歷認為時尚與科技的結合是一個良機，是一個切入點，於是決定出手。

「我們設計出刺激的會員限時拍賣，讓會員買到她們在其他地方買不到的特定精品。」薇爾森在她們位於曼哈頓的時尚總部告訴我。她們與另外三名創業夥伴攜手合作，從布魯克林一間小到不行的倉庫發跡，在五年內打造出營收突破十億美元的會員制精品拍賣網站。

為了結合時尚精品與線上購物，他們在網站放上頂尖模特兒穿戴精品的大幅照片，一張一張耀眼炫目，呈現時尚雜誌般的質感。Gilt網站的一大特點在於新穎時尚，足以讓傳統百貨的無聊網頁相形失色。

「不過我們可不是從剛開始就一帆風順。」梅班克說：「薇爾森去的很多服飾店收不到無線網路的訊號，而且很多品牌害怕『網路』這個字眼，沒有架設網站，也沒有想到要走網購這條路。」在二〇〇七年那時候，精品業真該學著利用電子商務，提高品牌知名度，並開發目標客戶。

薇爾森待過精品業，明白名牌對網路的抗拒心態：「我們想說服設計師把他們最好的產品放在網路上打折銷售，結果當面吃到很多閉門羹，卻一直不肯放棄。」

二〇〇七年十月，Gilt網站正式上線，推出一場三十七小時的限時特賣活動，點燃顧客競爭好勝的購物衝動，一個個紛紛搶購名牌精品。Gilt網站必須吸睛搶眼，簡單易逛，激起共鳴，連線快速順暢，資料可供下載，這些對架設網站的技術人員是一大挑戰。一個Prada皮包要令人心動，必須附上不同角度且精致打光的照片，商品敘述要清楚詳盡，列出尺寸大小等資料。此外，所有商品、標價與商品敘述每二十四小時都得更新。Gilt網站如同一間百貨——一間天天更換商品的百貨。

「四十萬個顧客在同一奈秒衝進我們店裡，系統還真是承受不了。」梅班克說。相較之下，實體商店不可能容納這麼多蜂擁而入的顧客。每當有限時特賣活動，七〇%的交易是在美東時間下午一點半之前完成，因此技術人員必須讓網站規模近似於亞馬遜網路書店。

「當年我們從《時尚》與《流行》雜誌挖角行銷人員與時尚人才，還有從麻省理工學院跟柏克萊大學招聘技術人員。」梅班克說：「兩邊的人都沒跟對方合作過，所以我們要努力確保合作不成問題。」一邊是手持紅牛能量飲料、頭戴抗噪耳機的技術人員，一邊是啜飲星巴克拿鐵咖啡、追求流行風潮的時尚人士，但幾位創辦人仍把兩邊結合起來，開創一番事業，並在過程中發現異性確實相吸。「我們公司找來足蹬十幾公分高跟鞋的模特兒進行拍攝的那一天，工程部特別容易錄取到新人。」薇爾森笑言。

Gilt網站不只創造嶄新的精品銷售方式，也創造一批原本從未買過精品的消費者。許多消費者在這裡買下人生中的第一件設計師品牌時裝或名牌包，從此開始上癮。

旺盛好奇心

創新者最重要的利器就是好奇心。大膽提問能磨利頭腦，從而恍然大悟，抓住機會，獲得出乎意料的發現。

太陽鳥、建築師跟整合家統統會問一籮筐的問題，從來不失旺盛的好奇心。幼稚園孩童每天幾乎會問一百個問題，長大以後則多半不再好奇愛問，但努力提問實在有益。小兒麻痺疫苗的發明者沙克說：「你不是自己憑空想出答案，而是先問對問題，然後答案自然浮現。」

尋求切入點的創新者會問：什麼事情讓我訝異？我有忽略哪個環節？我該怎麼排除

阻礙？我看見什麼矛盾？

Chipotle的創辦人埃爾斯說：「我造訪一個個牧場，拋出一大堆問題。」Spanx的創辦人布蕾克莉表示：「我問自己，把褲襪的足部剪掉有解決到問題嗎？我發覺沒有。」Gilt的創辦人梅班克則想到一個關鍵問題：「住在俄亥俄州的婦女怎麼參加紐約的特賣會？」

運用太陽鳥、建築師或整合家的思維，如同伸展心智的肌肉：你越是鍛鍊，越有能耐看見機會。一切統統源自一顆敏銳的好奇心。

創新者筆記

- 太陽鳥創新者的特質：善用類比，懂得把現有的做法加以改造創新，把不同地方或產業的概念乾坤大挪移，把過時的想法改造得足以順應現代需求。
- 建築師創新者的特質：擅長發現問題，辨認瓶頸與障礙，然後提出新點子。
- 整合家創新者的特質：擅長兼容式思考，融合現有點子，結合互異的概念，開闢嶄新道路。
- 創新者最常自問：什麼事情讓我訝異？我有忽略哪個環節？我該怎麼排除阻礙？我看見什麼矛盾？
- 創新者最重要的利器：好奇心。

偏執

第二章　偏執的創新者

迎向天光、永不回頭的賽車手

我有更長遠的目標，不想為其他事情分心。

臉書創辦人 祖克伯

Jawbone創辦人 拉曼

昨天打出全壘打，今天也不會因此贏得比賽，重點在於接下來這一球。

如果我們不競食掉自己的市場，就會由別人競食掉。

蘋果創辦人 賈伯斯

Dropbox創辦人 休斯頓

我們想解決基本問題，幫助大眾擺脫掉伴隨科技而來的一大堆煩惱。我們想處理新問題。

你若要自行創業，就要學著把目光放在一個終極目標，要是看不到就別做了。

喬巴尼創辦人　烏魯卡亞

In-Q-Tel創辦人　路易

企業家總是望向天光，而且會不斷修正商業模式，就像賽車手不斷調整方向。我把這稱為駛向成功。

Under Armour創辦人　普蘭克

頂尖的全球性企業不是在預測未來趨勢，而是在引領未來趨勢。

Dropbox創辦人　休斯頓

如果你開始覺得自己做得很好，你往往不會再設法做得更好，別人也就乘機迎頭趕上。

除非想往後走，否則不要回頭。

——美國名作家梭羅

根據賽車手的說法，以時速三百二十公里狂飆的秘訣在於記得「迎向天光」。他們開得太快，很難依據車道或其他車手的位置操控方向，只能專心盯緊天際，雙手則跟著目光。

創新者也是如此。他們把長程目標擺在心頭，度過一時的波折阻礙。他們在當下全神貫注，只求做出適合市場的產品，滿足顧客的需求，雙手緊緊握住方向盤，不以一時勝負界定自己，不以業界規則局限自己，只依循特定的行動方針：關注願景，留意邊緣，並避免回顧。本章將檢視創新者如何在瞬息萬變的全球市場一馬當先。

關注願景

極少人能在五年內憑空打造一家營收十億美元的企業，就連在矽谷也鳳毛麟角，但烏魯卡亞竟在優格業辦到這件事。

烏魯卡亞生於土耳其東北部的埃爾津詹省，在一九九四年來到美國，在紐約學習英文與商管，卻旋即發覺自己不適合。他自稱是個「牧場小子」，動身搬到紐約州北部，在一間牧場工作，並就讀紐約州立大學阿爾巴尼分校，畢竟他是在土耳其鄉間長大，待在鄉間比較自在。他父親拜訪他時，抱怨美國的起司太普通：「你該自己做起司——好的起司。」起初烏魯卡亞猶豫不決，畢竟他千里迢迢跑來美國可不是為了做家鄉就能做的事情，但二〇〇二年他改變主意，開始在紐約州詹斯鎮的一棟小屋製作菲達起司，品名取為「幼發拉底起司」，賣給餐廳與食物供應商。

某日，烏魯卡亞看到某間優格工廠待售的廣告單，起先不以為意，扔進垃圾桶，「可是大概半小時後，我把廣告單從垃圾桶裡撿回來，上面沾滿了沙土。原來卡夫食品想關閉那間工廠，我一時好奇就打了電話。」他驅車前往紐約市北邊三百多公里遠的南艾德梅頓小鎮，查看那間八十四年歷史的舊工廠，結果天花板漏水，牆壁斑剝，設備也破損不堪。儘管如此，烏魯卡亞仍想買下這間工廠。

朋友紛紛勸他打消念頭。他銀行戶頭裡只有區區幾千美元，連一棟房子都買不起，卻想買一間優格工廠？如果這間工廠有一絲價值，為何食品業巨擘打算關閉？但他仍決心生產低脂高蛋白的希臘優格，因為這絕對會勝過美國市面上所有的優格。

烏魯卡亞認為美國的優格太稀且過甜，還添加過多的防腐劑與色素，口味**很假**。相較之下，優格在土耳其簡直堪稱主食，他從小就吃母親在自家牧場所做風味強烈的濃稠優格。

他決定放眼未來。他沒有廣告預算，品牌毫無知名度，可想而知產品會擺在架位的最下層，所以他大膽採用搶眼吸睛的包裝。他的盒裝優格特別大，形狀又圓又扁，自行設計的封膜用色鮮豔，商標還是印在盒蓋上，讓消費者在店裡低下頭就能清楚看見。

烏魯卡亞說：「有時候你笑容滿面，覺得自己可以幹出一番成績。隔天卻發現有根管線斷了，優格味道不對，製作成本又顯得太高。你要自行創業，就要學著把目光放在一個終極目標，要是看不到就別做了。我自己是一直看得到那個目標，那目標一直在我心中。」

二〇〇七年十月，烏魯卡亞和員工裝好第一批「喬巴尼」的產品：三百盒草莓、藍莓與水蜜桃口味的希臘優格，買方是長島的一家店。他焦慮的等了一星期，才向店經理詢問銷售狀況。

經理說賣得很好，相當成功。

烏魯卡亞立刻找上有兩百多家門市（主要在新英格蘭地區）的連鎖超市。他負擔不起大型超市的高額上架費，於是跟超市業者談條件：如果他的優格銷路不好，他願意買回剩下的存貨。這招奏效了。

二〇〇九年他大有斬獲，產品接連在眾多連鎖超市和好市多上架，每週出貨達四十萬盒。某間連鎖量販店開始建議他提供不同口味。由於缺少必要設備，他的員工必須用手裝貨，就像他在兩年前獲得第一份訂單時那樣。

每週出貨達五十萬盒時，烏魯卡亞面臨抉擇。他知道達能食品與優沛蕾等業界龍頭會把矛頭指向喬巴尼這種迅速成長的新廠，所以他決定把每週產量提高到一百萬盒，採取更有侵略性的做法，免得遭大企業打倒。

「喬巴尼式飛速」成為他的一句口號。喬巴尼在二〇〇八年的每週產量是一萬五千盒優格，到二〇一一年初激增為一百二十萬盒，到二〇一二年則增加為一百八十萬盒。廠內雇有一千三百位員工，設有數條生產線，每日二十小時投入生產。南艾德梅頓小鎮的工廠接連四度擴廠。二〇一二年，他在愛達荷州特溫福爾斯鎮開設第二間工廠。

烏魯卡亞甫創業之際，全美優格市場規模為七百八十億美元，其中希臘優格僅占有〇・二%的市占率，但到二〇一三年底，希臘優格的市占率暴增為五〇%，並由喬巴尼稱霸市場。「我們很幸運能有這番成績，但優格在美國的故事才剛開始上演而已呢。」他說。

所有創新者都展現一模一樣的決心：他們每位都想做出一番大事。許多創新者用賽車比喻自己如何展現速度與面對複雜局勢：

- 「我把這稱為駛向成功。」由美國中情局出資的創投公司In-Q-Tel與Alsop Louie Partners的創辦人吉爾曼・路易說：「企業家總是望向天光，而且不斷修正商業模式，就像賽車手不斷調整方向。」
- 「無論是排檔、活門、燃料管、傳動皮帶——一切環環相扣，息息相關。」住房短租網Airbnb創辦人傑比亞在描述公司的爆炸性成長時說：「引擎發動，打下排檔，顧客開始使用我們的服務，我們開始往前開，從不往後看。」

●「你要有辦法一直往前看，一直往前開。」運動品牌Under Armour的創辦人普蘭克說：「你要抓到節奏。」

為了調配速度，車手有時必須驟然加速，猛往前飆，像要「衝破擋風玻璃」。他們鎖定視線範圍，雖然要留意其他車手，但始終專注於自己的車道。創新者前進時也要同樣精準。

規畫眼前路

醫療公司Theranos的創辦人荷姆絲告訴我：「你必須清楚了解做某件事的原因，了解是什麼在驅策你向前，還要知道該怎麼處理棘手的難題。如果我們可以運用科技及早發現疾病，就能徹底改變疾病的防治方式。」

為什麼往往要等病況嚴重，才發覺患有癌症？為什麼等到心臟病發，才發現心臟有毛病？荷姆絲創立Theranos，研發嶄新的醫療檢驗方式，目標是有朝一日協助醫生與病患及早發現疾病，盡快展開治療。

荷姆絲說：「我希望大眾可以在最關鍵的時刻獲得檢驗報告，並且採取相應的行動。也就是說，大眾可以及時發現疾病，還有活得更加健康。」

檢驗數據影響八〇%的醫療判斷，但自從臨床檢測儀器在一九五〇年代問世以來，血液檢測方式幾乎大同小異，無論你是在大醫院或小診所，醫護人員都先拿止血帶綁住你的手臂，拿針筒刺穿皮膚，抽取血液，把血液樣本送到檢測中心，由人工以吸量管抽取，或是靠離心機或質譜儀檢測，或是靠化學試劑檢測，結果報告在三天至一週後才送到醫生手中。

荷姆絲的首要目標就是改變緩慢而無效率的血液檢測方式。她跟研究團隊所開發的專利技術讓檢測更加迅速準確，而且價格低廉，無須曠日廢時的培養病毒或細菌，而是藉DNA檢測病原體，在採樣完畢的二至四小時以內，檢測報告的電子檔案就會傳給醫生。

即使是治療尋常可見的小病，時間仍是關鍵。荷姆絲說，想像一位女士抱怨自己精神不繼，於是醫生要求做血液檢測，結果七天後檢測報告指出重度貧血，需要再靠另一個「同樣費時數日」的檢測判斷貧血種類。醫生先替她開藥，但當她第三度前來醫院，卻得知自己並未貧血，只是缺鐵。問題終獲解決，她卻耗費可觀的金錢，蒙受多餘的折磨。如果醫學檢測更迅速準確，她就不必平白受罪。

荷姆絲致力於改善血液檢測，藉此讓病患免除恐懼與苦痛。據估計，四〇%到六〇%的病患是接受不必要的醫療檢測。二〇一三年，她與沃爾格林連鎖藥局合作，提供現場即時檢測服務，這可謂邁出一大步，無數民眾因此受惠。比方說，七千九百萬名美國人患有前期糖尿病（譯註：前期糖尿病代表介於正常與糖尿病中間的過度時期），更多民眾患有心肺等方面的慢性病，但許多民眾渾然不知，而高科技醫療檢驗的一項好處正是協助他們正視自身的健康風險。許多老年人靜脈萎縮，孩童害怕打針，癌症病患得頻繁接受抽血檢查，這時只需往手指輕微戳刺即可抽取血液，這樣的裝置堪稱一大福音，讓抽血檢測變得較不難受與嚇人。

不僅如此，Theranos的檢測費用甚至比傳統標準方式便宜一半以上。根據荷姆絲的估計，如果所有醫療檢測都採取Theranos的計價，美國健保體系在未來十年能節省超過二千億美元。

然而她的終極目標是疾病防治。醫界是藉攝護腺特異性抗原以檢驗攝護腺癌，她以此為例說明她的做法，指出重點不在於攝護腺特異性抗原的濃度本身，而是在於濃度變化率。「如果你只給我看一格電影畫面，我沒辦法說出整部片的劇情是什麼。」荷姆絲解釋：「可是如果我能看到很多格畫面，就會漸漸了解劇情。」Theranos藉輔助軟體呈現檢測結果，有助醫病雙方更加了解病症的全貌。

荷姆絲說：「我的夢想是讓病患盡早發現疾病，早些展開治療。現在我們要等腫瘤已經確實出現，才能著手治療，但我想改變這種思維。許多疾病都一樣，如果你有辦法及早發現，治療效果會更好。」

前行思維

創新者要達成目標，前瞻的眼光是一大關鍵。根據芝加哥大學心理學家具珉廷與費斯巴赫的研究，對目標的展望能大幅影響實際成果。他們指出一般人追尋目標時有兩種思維：一種是關注未來要做的計畫，也就是抱持「前行」思維；一種是關注過去達到的成就，也就是「回顧」思維。雖然兩種思維都能提升幹勁，但照他們的觀察，當一個人朝目標努力之際，前行思維更有助盡快達成目標。

他們提出一個解釋：假設你在跑馬拉松，跑到第二十九公里處，心臟猛跳，氣喘吁吁，滿臉熱汗淋漓，每往前跑一步，膝蓋、腳踝和腳部統統發疼，但你繼續邁開腳步，一心一意要跑到終點。你該如何保持拚勁？你是想著目前跑完的二十八公里，還是想著面前剩下的十四公里？如果你的答案是剩下的十四公里，那你就跟其他創新者一樣，抱持著成功所需的心態。

具珉廷與費斯巴赫的研究指出，當我們決心完成某個特定目標，關注於過往成就會降低幹勁，關注於未來計畫則不僅能保持幹勁，還能加快前進的腳步。當我們抱持前行思維的時候，我們會拿現有成就與目標本身互相比較，看見兩者的差距，從而更加投入與專注，試圖縮短差距。

此外，根據兩人的研究，前行思維有助我們把注意力擺在尚待完成的計畫，所以能增加幹勁。比方說，其中一項實驗是把正在準備重要科目考試的大學生分成兩組，他們提醒第一組學生說五二%的考試範圍尚未教到，提醒第二組學生說四八%的考試範圍已經教完，結果第一組學生準備得更加起勁。再舉另外一個例子，慈善單位想募款幫助非洲的愛滋孤兒，把兩種勸募信寄給不同的定期捐款人，一種是強調既有成就（「目前我們已透過各種途徑成功募得四千九百二十美元」），一種是強調未來目標（「目前我們已透過各種途徑成功募得善款，但離募款目標尚不足五千八十美元」），結果那些得知未來目標的捐款人比較會掏錢捐款：他們認為目前募款進度不佳，於是決定貢獻一己之力。前行思維激發我們去關注尚未完成的目標。

如果你想著離馬拉松比賽的終點線還有多遠，你會更能激勵自己懷抱旺盛鬥志跑得更快更猛。商場也是如此，創新者藉由關注未來目標以自我激勵。

臉書創辦人祖克伯在二〇〇六年拒絕雅虎的併購提案時表示：「我有更長遠的目標，不想為其他事情分心。」一般而言，二十二歲小夥子要是在寢室搞出營收數百萬美元的事業，通常就此滿足，但祖克伯仍心懷遠大的願景。起初臉書的使用者局限於哈佛學生，後來擴及其他常春藤盟校，隨後擴及波士頓地區的其他大學，接下來全美以致全球的大學生、高中生和職場人士紛紛使用臉書。追根究柢，正是由於祖克伯懷抱的未來願景，臉書才能走出他的學校寢室，在全球擁有十多億用戶。

同理，布蕾克莉從草創Spanx起就抱持「絕不設限」的心態。布蕾克莉說：「在最初兩年，大小事情全由我一手包辦。我要裝貨、運貨、管行銷、管業務、學習記帳軟體，還要貢獻我的臀部，充當前後對照的模特兒。在那整段期間，我甚至列出一份清單：我不擅長這件事；我不喜歡那件事；這不是我的強項，我實在等不及由別人接手來做。所以，重點在於你必須具體想像目標，好好擺在心頭。」

數位攝影機公司GoPro的創辦人尼克．伍德曼研究潛水員腕上繫的攝影機，掀起影音革命，如今他開發的高解析度攝影機廣泛裝設於安全帽、滑雪板、滑板等各種器材，至今他仍一心想精進產品的功能，繼續領先業界。科技公司Fuhu致力於替兒童研發專用的平板電腦，公司創辦人藤岡羅伯、許立威與許立信也抱持跟伍德曼相同的態度。他們一心想藉新科技投入兒童的娛樂與教育事業，在二〇一四年與夢工廠動畫公司合作推出「美夢平板」，供兒童享用夢工廠的動畫、歌曲與應用程式。

創新者是放眼未來，不是關注現在，而這涉及掌握趨勢與正確投資以換取成功。許多大企業腳步過慢，百視達、柯達跟博德斯連鎖書店都是前車之鑑，各自把廣大市場拱手讓給更有前瞻眼光的創新者。

「昨天打出全壘打，今天也不會因此贏得比賽，重點在於接下來這一球。」科技公司Jawbone的共同創辦人何辛．拉曼常把這句話掛在嘴邊。公司在二〇〇六年藉藍芽耳機首次取得成功之後，拉曼製作胸前印有「失敗者」字樣的T恤發給每位員工，他的看法是：「當你是失敗者的時候，你會動手奮戰，想解決問題，被迫做出更多的創新。」正是由於往前看的精神，Jawbone是三類產品的市場龍頭。

連鎖速食店Chipotle的創辦人埃爾斯則致力於讓「世界上最讚的墨西哥捲餅」一年比一年更加美味，而且不准分店店長把「最佳墨西哥捲餅獎」或「最佳速食店」等獎狀掛在牆上。埃爾斯說：「我們確實贏得了這些榮耀，確實有人認為我們的墨西哥捲餅最讚，但現在這並不重要，畢竟我們還要繼續精益求精。」

創新者關注於願景，從不驕矜自滿，而是迅速邁出下一步。

雲端儲存服務Dropbox：永遠都不夠好

「我們想解決基本問題，幫助大眾擺脫掉伴隨科技而來的一大堆煩惱。」雲端儲存服務公司Dropbox的共同創辦人德魯．休斯頓告訴我：「我們想處理**新問題**。」

Dropbox成立於二〇〇七年，正值蘋果電腦發表iPhone之際。智慧型手機與平板電腦迅速廣受歡迎，大眾擁有的數位產品數量超過以往，從各種裝置靈活存取文件、資料、影片、音樂與照片的需求也應運而生。

當年休斯頓想解決自己碰到的一個麻煩，從而催生Dropbox。二〇〇六年，休斯頓在麻省理工學院讀研究所，某日他從波士頓的南站搭巴士前往紐約，卻發覺ＵＳＢ留在家裡，這個疏忽害他手邊沒有工作檔案，恐浪費掉搭車的四小時。他焦慮一陣子，隨後打開筆電寫起程式。

幾個月以後，休斯頓跟一位讀資工的同校同學費爾多西合作，想創立一家提供雲端儲存服務的公司。矽谷創投公司Y Combinator以協助初創公司為主要業務，決定向休斯頓提供資金，於是他們搬到舊金山，擠在一間小公寓每天花二十小時埋首撰寫程式，努力開創事業。

他們的目標是讓任何裝置都能無縫使用雲端存取，操作起來迅速可靠，但他們面臨錯綜複雜的技術難題：他們的服務必須適用於任何裝置、任何作業系統跟任何瀏覽器，而且在任何國家都能照樣使用。

休斯頓認為：「你要替伴隨願景而來的挑戰做出準備。」大眾追求的是簡單，不想來回寄電子郵件，也不想靠ＵＳＢ攜帶資料。由於資料氾濫，生活日趨複雜，休斯頓決心替大眾的資料建立一座線上「家園」。

他預見私事與公事的界線會日漸模糊。正如我們拿同一枝筆寫下待辦公事與購物清單，我們也會用同一個電子信箱連絡同事與朋友，用同一支手機連絡同仁與家人，雲端儲存服務能滿足各式各樣的需求。

然而，專注於遠方的願景並不容易，必須先跨出舒適圈。

休斯頓說：「從我小時候開始，最開心的時光始終是寫程式。可是當工程師是一回事，開公司則完全是另外一回事，必須真的硬逼自己跨出舒適圈。」他描述創業之際漸漸高漲的痛苦，那時他必須上台報告，不只雇用朋友，還得解雇朋友。他說：「你可以靠程式碼和演算法建構漂亮的系統，但要把人組織起來很不容易，就像想靠果凍粉做出金字塔那麼難。可是你還是得盡力而為，而且要是你一帆風順，原因很可能是你的腳步不夠快。」

他笑著回想起當年他在美國銀行的戶頭原本只有六十美元，卻突然收到創投公司第一筆高達一百萬美元的創業資金。休斯頓跟費爾多西本來只是「兩個邋遢小子」，卻把一個點子發揚光大，只靠七年就建立起一家市值百億美元的大企業，而他們仍一心想著這家迅速成長的企業該如何走下一步。

休斯頓說：「費爾多西會在凌晨三點寄信說某個字母該用大寫，或是說某個圖示左邊差了兩個畫素。我們相當留意細節，設定出極高的標準。」儘管相當辛苦，他們仍全速前進，力圖滿足（截至二〇一四年）超過三億名使用者的需求。

「如果你開始覺得自己做得很好，你往往不會再設法做得更好，別人也就乘機迎頭趕上。」休斯頓告訴我：「就算是谷歌或臉書這樣的公司，也面臨閃亮新星的急起直追——所以我們始終得設定更高的目標。我們從不認為自己夠好了。」

留意邊緣

創新者和賽車手都必須朝著天光前進，卻有一個重大差異。賽車手是在固定場地狂飆，每圈跑道都一模一樣，但創新者要面臨瞬息萬變的環境，一點邊緣變化都可能影響大局。

「好的企業家會一直留意周遭，查看是否有任何徵兆指出原本的想法已經過時落伍或失去光芒。」電信公司In-Q-Tel的創辦人路易說：「你感覺後頸寒毛直豎。你不能指派行銷團隊做量性或質性調查，畢竟等調查結果出爐就太遲了。」

一九九九年，雀斯聽朋友安潔．丹尼爾森形容她在德國看到的汽車共享情況，雀斯也感到一股電流竄過，明白新的行動技術有望改變傳統租車模式。雀斯說：「這就是網路的功用。我自己就希望有這種服務！」

雀斯住在麻州的劍橋市，有三個小孩，跟丈夫合開一輛車，但她知道不可能老是跟鄰居借車上好市多購物或送小孩參加游泳比賽。她需要一輛車，卻討厭擁車的麻煩與開銷。

雀斯跟丹尼爾森的小孩讀同一間幼稚園，兩人常相約喝咖啡並交流意見。丹尼爾森是擁有博士學位的地球化學家，在哈佛大學工作，她認為如果許多人能加入汽車共享的行列，這就能成為購車與租車的替代方案，有助環境的永續發展。雀斯是麻省理工學院史隆商學院的管理碩士，她草擬一份創業計畫請當時的史隆商學院院長葛蘭．厄本過目，厄本閱畢大為激賞：「這計畫太讚了，妳該加快三倍的腳步，還有把計畫規模也擴大三倍。」

在二〇〇〇年那時候，如果你需要一輛車，你可以選擇購買、短租或長租等方式，至於汽車共享這概念則乏人問津，甚至帶有負面聯想。當時也沒人提出以床位共享代替旅館，以器材共享代替健身房，或者以餐具共享代替餐廳——這些不是當時的主流看法。雀斯跟丹尼爾森認為汽車共享確實可行，但要靠一個響亮的名字打頭陣，於是她們選用「Zipcar」這個名稱。

都市人能受惠於使用者付費的汽車共享模式，在需要時開車上雜貨店，帶狗看獸醫，到市郊參加新生兒派對，還有到機場接同事。多數都市人每星期只需開車一或二次，他們其實不必有車，只需在錢包裡放一張晶片卡，在需要時能用車就好。有人問：

「妳是以生意考量來看，還是以消費者考量來看？」雀斯回答：「有誰不想輕輕鬆鬆有車開？我要把這樣的駕駛統統挖出來。」

這是一種非傳統模式，迎合現有市場所無法滿足的駕駛。雀斯表是：「當你提到租車的時候，腦中就是浮現一個很落伍的產業，業者日復一日提供無趣的二流服務。當時我們心想：我們來把租車變成一件很酷的都會風潮吧。如果我只需要用車兩小時，我才不想租一整天呢。」

二〇〇〇年，Zipcar在麻州的劍橋市推出服務，最初只有三輛檸檬綠的福斯金龜車加入。二〇〇一年，服務擴及華盛頓特區。二〇〇二年，「想租車就租得到」的服務來到紐約市。二〇〇七年，Zipcar併購競爭對手Flexcar。到二〇一三年，Zipcar擁有超過七十六萬名會員與一萬輛車，服務範圍遍及超過二十個都會區與三百個大學校區。二〇一三年十一月，安維斯租車公司以五億美元收購Zipcar。

Airbnb：善用主流邊緣

雀斯跟丹尼爾森是共享經濟的先驅，而這有賴於迅速抓住消費者對所有權觀念的改變。Airbnb的創辦人傑比亞跟契斯基也遇到類似狀況，當年他們首度提出跟陌生人共享床位的概念，別人卻認為這樣「超怪的」。他們面臨大家對共享概念的排斥心理，但他們在自家公寓出租床位的經驗十分正面，所以依然認為確實可行。

幾年前，一般人認為在異地住進陌生人的家很危險，但臉書等社群網站迅速風靡，租賃雙方能查看彼此是否有共同好友，或者好友的好友有所交集。Airbnb靠「評分」與「評論」建立互信，房客能發表與閱讀評論，屋主亦然。

「如果網路的第一階段是讓大家開始用電子郵件與逛網站，第二階段是讓大家接受在網路上公開個人身分，第三階段則是擴及真實世界。」傑比亞這樣描述網路接下來的發展方向。

二〇〇九年，Airbnb共處理十萬筆訂房交易。二〇一〇年，Airbnb增加專業攝影、線上付款和臉書整合服務，總訂房交易成長為七十五萬筆。二〇一二年，全球總訂房量增加為二百萬筆。二〇一四年，房客用戶已超過二千五百萬名。

如同Zipcar的創辦人雀斯跟丹尼爾森那樣，傑比亞跟契斯基也靠不符主流看法的點子打進整個市場。他們最初想提供住宿地點給找不到旅館的開會人士，隨後吸引到喜歡冷門旅遊地點與想節省住宿花費的旅客。如今Airbnb住房短租網在全球提供超過六十萬個床位，有些是一般的公寓或平房，有些是特別的古堡、冰屋、樹屋或大帳篷。

傑比亞跟契斯基善用主流邊緣的另類點子，攻入主流市場。「藉由使用Airbnb住房短租網，你不再只能待在外頭看，還能進去裡頭瞧。」傑比亞這樣形容用戶如何共享空間與交流文化。

引領風潮的「領先使用者」

當年一群小夥子拆掉溜冰鞋的輪子，釘到一塊板子上，從而發明滑板。一位登山愛好者在自家車庫製作獨門岩釘（釘進岩壁可供雙腳踩踏）販售，後來憑這個創意成立攀岩用品公司Black Diamond。幾位腳踏車愛好者靠加寬輪胎克服崎嶇不平的小徑，做出登山腳踏車。創新者往往是靠更新與改良，推出不符原本市場主流的產品，從而開創一股風潮。

根據史隆商學院教授馮希培的講法，這些非傳統創新者（或稱為「領先使用者」）如同活在未來。三十年來，馮希培研究藉開發與改造非主流產品而來的創新發明。

我來到馮希培位於麻省理工學院的辦公室，正盯著全球第一部3D列印機時，他開口說：「我們應邀花三年投入研究，探討有多少人為了自己要用而設計或改良產品，從而做出創新。」他們在美國、英國與日本共計研究一千二百名對象，發覺這些領先使用者平均比企業的產品開發部門多投注一倍心力，有些是想出新產品，有些是改良舊產品，藉此滿足自己的需求。有名男子靠釣竿跟大鐵鉤做出一個修剪樹梢的裝置；有位母親把時鐘的指針塗上不同顏色，供小孩學習如何看時間；有位技師遇到電池故障，於是設計出一部不靠電力發動的汽車引擎；有個學生改造他的GPS，用來找出在家裡弄丟的東西。許多這種發明者都點出未來可能的市場新星。

有些人碰到問題時臨時把手頭上的東西加以改造，設法符合個人需求，結果改造出創新的玩意兒，日後打入主流市場。比方說，當年3M公司想設計出便宜有效的新型開刀巾，取代較差的舊型開刀巾，供醫護人員在手術開刀時防止細菌擴散。他們研究戰場上的軍醫，也研究開發中國家的醫療團隊，試圖了解不同的做法，另外還跟獸醫取經，探討他們靠哪些便宜有效的創新發明避免動物產生手術感染。有賴這些領先使用者提供的建議，3M公司終於推出有效防止手術感染的全新產品。事實上，研究指出3M公司不斷靠領先使用者的創新發明推出新產品，也靠傳統市場研究方法改良舊產品，結果這類新產品在五年後平均創造一億四千六百萬美元營收，比靠傳統市場研究方法改良的舊產品高出八倍以上。

創新者從邊緣發現點子，撼動主流市場——近似於賽車手以眼角餘光掌握周圍變化。另外，正如賽車手絕少瞄向照後鏡，以免賠上不到半秒的些微領先優勢，創新者也不會回顧從前的豐功偉業與過時策略。

避免回顧

一九八五年，當時英特爾的總裁安迪．葛洛夫問執行長暨董事長高登．摩爾：「如果董事會把我們兩個踢出去，另外找一個新的執行長，那個傢伙會怎麼領導公司？」摩爾回答：「那個新任執行長會帶領公司離開晶片產業。」葛洛夫思考片刻以後說：「為什麼不乾脆由我們兩個走出這扇門，然後回來自己這麼做？」於是接下來他們真的這麼做了。

幾年前，葛洛夫在我上的史丹佛商學課堂裡提及這個故事並解釋說：「唯偏執狂能生存。」他說當年是靠「把自己炒魷魚」才帶領英特爾走往新方向。葛洛夫從不回顧過往，儘管英特爾是晶片產業的龍頭，但他決定停掉晶片業務，轉為生產微處理器，結果英特爾的市值從四十億美元增加為一千九百七十億美元，幾乎暴漲五十倍，這家雇有六萬七千名員工的科技公司一舉躍居全球第七大企業。

創新者樂於拋開過去的做法，儘管當年他們就是憑此成功。他們避免回顧，不管當初多風光榮耀，也不能因此絆住前進的腳步。

奧克拉荷馬州立大學專門研究企業家的教授羅伯．拜倫說：「企業家比較不會有反事實思維。他們會從錯誤中記取教訓，卻不太會為過去懊悔或苦惱，那樣想很危險。」

從認知角度研究創新者的學者指出，反事實思維是指想像過往事件可能有何不同結果：如果早兩個星期推出產品會怎麼樣？如果是由我們錄取那位工程師，而不是由其他同業錄取他，事情會有什麼不同？拜羅的一項實驗把人分為企業家、潛在企業家與非企業家等三類，發覺最近才剛創業的人比較不會回顧過往，也不太擔心錯失機會。事實上，拜羅發現企業家較少後悔，並更願意向自己及他人承認錯誤。

創新者能避免後悔的折磨，不會陷入往事，而是記取教訓繼續前行。他們不把精力浪費在過往，而是鼓足全力迎向未來。

「首先，不要沉溺於原本的做法。」運動品牌Under Armour的創辦人普蘭克說。在普蘭克剛開始創業之際，大家說他的點子不可行，市場是由大公司主宰，他無法靠這些T恤從馬里蘭大學的更衣室往外頭殺出一條血路。「看看先前的例子吧。」投資人這樣回絕他：「我記得很清楚。這我試過了。」很少人支持他的願景。然而普蘭克就像是一名昂然迎戰強大對手的替補後衛，他堅定地說：「只有你才能給自己答案。」如果你想知道他關注哪些重點，只要造訪他在巴爾的摩總部的辦公室就一目了然，那間辦公室的牆上掛著五排乘三列共計十五面白板，上頭寫著：「進攻」「超越完美」「懷抱目標往前進」與「走出地下室並闖出一番大事業」等。

普蘭克花五年反覆修改最初的T恤，加上長袖，後來用做上衣的那一套方式製作褲子，下一步則跨足寬鬆服飾。

普蘭克碰到的一大難題是外界認為Under Armour只是一家運動服飾公司。二〇〇六年，他利用Under Armour是從美式足球界發跡這一點，說服消費者相信他們也有能力做出很好的美式足球鞋。這招奏效了，Under Armour在美式足球鞋市場的市占率在兩年內達到二〇%。「在那之後，我們開始大步向前。」他說。

二〇〇八年，他把「永不言敗」這句話擺在心頭，不讓金融海嘯絆住他的腳步。

他說：「永遠沒有什麼正確時機。有些人說我現在不能這樣做，但總有人得出手！」他先靠推出多功能運動鞋挑戰業界大廠，在高達三百一十億美元的全球運動鞋市場攻城掠地。二〇〇九年，他進入慢跑鞋市場。二〇一〇年，他推出籃球鞋。

「頂尖的全球性企業不是在預測未來趨勢，而是在引領未來趨勢。」普蘭克告訴我：「所以我們的職責是告訴消費者說：『你的美式足球鞋該是這個樣子，你的慢跑鞋該是這個樣子，你該這樣運動才對，這樣才有運用到你天天接觸的高科技。』」

普蘭克甚至推翻原本「視棉質為死敵」的想法，切入棉質運動服市場。Under Armour 打從一開始就反對棉質布料。二〇〇五年，Under Armour 首次公開募股，普蘭克每次與投資人士碰面就把一件棉質上衣泡進水桶裡，再把濕答答的衣服用力扔在桌上，證明棉質衣料會增加運動時的負荷。然而，普蘭克在二〇一一年查看消費者購買服裝種類的統計資料，發覺每三十件T恤中就有二十六件是採用棉質衣料。「後來我看著鏡子裡的自己說：『我其實不是討厭棉質衣服，只是覺得目前的棉質衣服都不夠好。』」普蘭克說。

他冒險改變公司的走向——消費者也許會認為他背離了初衷。但並非如此。他決心設計一種像化學纖維般能排汗的棉質布料，於是跟一家位於北卡羅萊納州的棉花公司合作，推出「能量棉」產品，排汗速度比「一般棉」高出五倍。

普蘭克一向放眼未來。他告訴目標顧客（剛開始運動的小夥子）說：「如果說愛迪達是你爺爺那一輩的牌子，耐吉是你爸那一輩的牌子，那麼Under Armour就是屬於你的牌子。」他不打算說服二十五歲的運動員或四十歲的運動愛好者換牌子，而是想跟下一個世代攜手成長。

Under Armour的最新產品是E39運動服，上面裝有類似於汽車儀表板的生理感應器，用來衡量表現狀況。普蘭克在二〇一三年收購線上健康服務商MapMyFitness，其健身紀錄平台供使用者規畫、記錄並分享訓練內容，預示數位輔助訓練結合行動裝置技術的未來發展。「我們還沒打造出我們的王牌產品呢。」普蘭克說。

唯一的方向：前方

創新者不僅懂得區分眼前目標的輕重緩急，而且懂得什麼事情不該去做。專心致志，才能減少阻礙。明白「勿犯」的錯誤，才能克服驕矜自滿，避免陷入過去的豐功偉業。

賈伯斯在一九九七年返回蘋果公司以後的做法正屬一例。他在白板上畫出一個二乘二的方格，其中一條軸是「一般消費者」與「專業使用者」，另外一條軸是「桌上型電腦」與「行動式裝置」，然後他說蘋果公司只能專心做好四種產品，其他都該完全放掉，公司團隊不要分散精力。在蘋果公司百位傑出主管年度大會上，賈伯斯問說：「我們接下來該做哪十件事？」等十件事推選出來以後，賈伯斯擦掉底下的七件事並斷然宣布：「我們只能做這三件事。」任何點子、產品或主題都可能被他放掉。

賈伯斯集中火力，忽略雜音，設法屏棄不必要的設計，讓消費電子產品變得簡單，藉此打造「棒到極點」的產品。

除此之外，賈伯斯認為只要蘋果公司落居第二就該立刻急起直追。他是從一個毀掉第一代iMac的大失誤上學到這個教訓。當年他推出的iMac能處理照片與影片，卻無法燒錄光碟，所以使用者無法盡情下載、燒錄與分享他們喜歡的音樂，功能還不如一般個人電腦。「我覺得自己真蠢。」賈伯斯這麼告訴他的授權傳記作者艾薩克森。賈伯斯對那次失敗的回應是一舉推出iPod、iTunes跟iTunes商店。

儘管iPod大獲成功，賈伯斯卻擔心有別種產品迎頭趕上：「如果我們不競食掉自己的市場，就會由別人競食掉。」他最後認為手機是接下來的一大威脅。如果手機業者增加音樂功能該怎麼辦？這個想法催生iPhone，而iPhone幾乎是刻意吃掉iPod的市場。

賈伯斯逼員工挑戰不可能，激盪出絕佳的產品與點子。「如果有什麼不夠好，我就當面說出來。有話直說是我的職責所在。」他說。賈伯斯以嚴格作風聞名，而且每個跟他共事過的人都知道他眼中只有一個方向：前方。

*

創新者正是如此。他們緊握方向盤，雙眼緊盯前方，力圖專心致志，不受反對意見動搖分毫，腦中只有一個目標：成功。任何事物都無法阻礙他們。

創新者筆記

- 創新者把長程目標擺在心頭，度過一時的波折阻礙。他們不以一時勝負界定自己，不以業界規則局限自己，只依循特定的行動方針：關注願景，留意邊緣，並避免回顧。
- 創新者放眼未來，不是關注現在，而這涉及掌握趨勢與正確投資以換取成功。
- 創新者樂於拋開過去的做法，儘管當年他們就是憑此成功。他們避免回顧，不管當初多風光榮耀，也不能因此絆住前進的腳步。
- 永遠沒有正確的時機，總得有人出手。

果斷

第三章　果斷的創新者

善用OODA，四十秒內洞悉敵人

如果大家彼此意見一致，我會覺得滿假的。

PayPal首任營運長 薩克斯

LinkedIn創辦人 霍夫曼

在消費者網路時代，如果你剛推出產品時沒有覺得侷促不安，就代表你推得太晚了。每個人都希望自己的產品厲害、耀眼與充滿突破性，所以花太多時間研發設計，但其實時間也很重要。

如果我只有一個好產品的點子，我絕不會創立公司。你也要有好的宣傳點子。

PayPal首任營運長 薩克斯

一切迅速前進。迅速想出辦法，做好事情，不管用的點子就丟到一邊。

LinkedIn創辦人　霍夫曼

沒有什麼比世界末日即將到來更能讓人集中精神。

LinkedIn創辦人　霍夫曼

Yelp創辦人　史托普曼

我很清楚無法一開始就做對，之後會再大幅調整。我們看到很多使用者開始寫回覆，我們就知道該怎麼調整方向，走上正軌。

PayPal共同創辦人　列夫琴

如果你認為某個做法是不對的，你卻沒有提出來，那麼我會覺得你很不應該。不管你是下屬或主管，沒提就是不對。

若想保持競爭優勢，

唯一的方法也許是永遠比競爭對手學得更快。

——當代管理學大師艾瑞·德·格斯

一九九八年夏天，列夫琴向萊德租車公司租下一輛黃色大卡車，一路從芝加哥開到加州的帕羅奧圖市。他剛從伊利諾大學香檳分校畢業，決定不讀研究所，而是像其他才華洋溢的年輕電腦工程師那樣到西岸闖天下。他晚上在朋友的公寓打地鋪，白天在帕羅奧圖市找工作。某日，他參加衍生性金融商品交易員提爾的演講，既是想聽些新知，也是想逃離室外的酷暑。連他在內，觀眾只有六位。提爾的想法給他不少靈感，等演講結束以後，他冒出幾個點子。提爾一直在找尋新的投資機會，列夫琴則躍躍欲試，所以他邀提爾改天一起碰面吃早餐。

「就像是兩個書呆子一拍即合。」列夫琴憶起當年：「我們開始混在一起，想決定是否該合作，還拿數學問題當休閒娛樂，常常激對方說：『這題我會解，你會嗎？』」

提爾投資列夫琴的密碼學概念。列夫琴找不到執行長，提爾就接下這個職位。他們創立密碼公司Field Link，負責替科技公司Palm出品的第二代掌上型電腦寫加密軟體。（這款名為「PalmPilot」的掌上型電腦如今看似簡陋，當年卻風行一時。）結果這套牽涉複雜數學運算的軟體失敗收場。隨後他們改替企業寫加密軟體，但再次失敗。他們依然不屈不撓，轉為設計能儲存財務資訊的可靠程式，命名為「虛擬錢包」，卻仍不獲青睞。接下來，他們替PalmPilot撰寫電子交易所需的「強制輸出入部件」，但沒人對這種尚未實現的交易方式感興趣。再接下來，他們終於想出成功的點子。他們捨棄Field Link這個名稱，把公司改名為Confinity重新出發，負責替PalmPilot寫加密程式，供使用者即時匯款。一九九九年夏季的某日，提爾與列夫琴舉辦記者會，地點選在加州伍德賽德市的巴克餐廳（創投界人士愛去的知名餐廳），兩人宣布Confinity獲得第一波資金：德意志銀行與諾基亞創投共投資四百五十萬美元。「『嗶！』錢收到囉！」這項技術成功了。

然而提爾與列夫琴能真正踏上成功之路，卻是因為受到消息誤導。在他們這項發明的消息傳開之際，數千名手上沒有PalmPilot的人開始用測試版網站匯款。此外，eBay用戶也開始用他們的測試版網站進行線上付款。提爾與列夫琴起先感到頭痛。「當時我光是想到eBay的買家與賣家在用我們的服務就覺得怪怪的，尤其這不是我們原本設定的用途。」列夫琴告訴我：「我設法封鎖掉他們，但接下來我們靈光一閃。」這些討厭的eBay用戶反而替他們指出意料之外的廣大市場。提爾與列夫琴拋開其他事情，全心全意打造這項服務的網路版本。

提爾與列夫琴在各個時刻都設法分析變動的局勢，做出決定，隨後迅速行動。他們在一九九九年併購馬斯克的線上支付公司X.com，新公司更名為PayPal。他們建立一支滿懷熱情與創新精神的緊密團隊，六度改造公司，後來在二〇〇二年把公司以十五億美元賣給eBay。

接下來的發展更令人嘖嘖稱奇。三位創辦人與其他團隊成員在矽谷享有「PayPal幫」的名號，他們接連創立一間間創新企業，包括YouTube、商家點評網站Yelp、星際探險公司SpaceX、特斯拉汽車、太陽能板公司SolarCity、職業社群網站LinkedIn、數據分析公司Palantir、風險投資公司Founders Fund、影音分享公司Slide、實驗育成公司HVF、商務社群網站Yammer、家族社群網站Geni與新聞共享網站Digg等。他們每次都比競爭對手更迅速靈活的完成「OODA循環」。

現在我們就以PayPal幫為例，探討創新者如何善用OODA循環。

何謂OODA循環

在科技創新人士強調重複實驗模式、精實創業方法與快速設計思維的許多年以前，韓戰飛行員約翰·博伊德即設計出一套在多變環境迅速決策的架構，稱為「OODA循環」，包括觀察（observe）、定位（orient）、決策（decide）與行動（act），結果這套架構不僅適用於空戰，也適用於商場。博伊德發覺雖然美國軍刀機的爬升與轉彎速度都不如蘇聯米格機，但美軍幾乎每戰皆捷。專家認為這歸功於美軍的精良訓練，博伊德則認為不只如此。

博伊德比較這兩個機種後發現，雖然米格機的前進速度更快，爬升速度也更快，但在切換前進與爬升兩種飛行模式的速度較慢，不如軍刀機，所以美軍飛行員得以迅速靈活地領先一步。在空戰之際，等蘇聯飛行員根據情勢做出判斷，情勢卻早已改變，這樣一次一次下來，幾乎總導致他們做出致命誤判，墜毀收場。

「如果能迅速完成這些循環，就能殺得敵方反應不及，獲得難以估算的巨大優勢。」博伊德在美國眾議院軍事委員會裡表示。

即使以戰鬥機飛行員的標準來看，博伊德都堪稱是個極度驕傲自信的傢伙，他靠上述觀察建立一套理論：在多變的戰場上，如果飛行員能做出明確的決策，就能改變戰況，讓敵軍反應不及，進而控制戰局。在內華達州的奈利斯空軍基地裡，博伊德有個外號叫做「四十秒阿德」，他會找每位飛行員跟他單挑一場虛擬空戰，誇口說要是他無法在四十秒內擊敗對方，對方就能贏得四十美元。結果他從未戰敗——即使他從一開始就放水也不例外。

博伊德跟民間數學家湯瑪斯．克里斯迪一起建構「能量機動理論」，該理論成為戰機設計的標準。他靠數學能力與空戰經驗協助設計F16戰機，這種新式戰機能以超音速飛行，機動性極高，重量大約只有前一代F15戰機的一半，即使處於低速狀態仍能靠手動操作高重力加速度的「桶滾」動作。

博伊德最大的貢獻是闡明如何在多變環境裡創造競爭優勢。他花數年鑽研戰史、科學、數學與心理學，設計出OODA循環。

OODA循環包括四個步驟。**觀察**：檢視目前局勢，盡量多方蒐集大量資訊；**定**

位：把資訊去蕪存菁，設法加以定位；**決策**：決定出一套行動辦法；**行動**：把決策內容付諸實行。請切記，行動不是最後一步，你該一次次持續重複整套循環。

OODA循環不只強調迅速行動，也強調在行動前花必要的時間檢視問題。照博伊德的講法，藉由「**洞悉敵人的OODA循環**」，不僅能提升己方速度，還能干擾敵方行動。如果你有辦法迅速完成觀察、定位、決策與行動，不僅能掩飾自己下一步的意圖，還能看穿敵人下一步的行動。如此不斷靠迅速反應換取優勢，小蝦米也能擊敗大鯨魚。

現代社會日新月異，通訊科技發達進步，經濟局勢瞬息萬變，想成功的一項要點是迅速因應各種變化。創新者正是懂得解讀世局，採取關鍵行動，迅速調整修正，所以有辦法取得勝利。接下來幾段則會說明如何實行OODA循環，反覆克敵制勝。

觀察

飛行員必須留意周遭環境——亦即有辦法密切注意接連發生的新變化。博伊德教飛行員留意判斷基準與實際變化的差異，從中抓住機會取得優勢。

這適用於任何迅速變化的環境。創新者會盡快蒐集越多越好的大量資訊，留意各個細節與異常狀況。

「關注當前的具體狀況相當重要。」PayPal共同創辦人提爾說：「很多人都會一直想著該怎麼改變世界，但現在市場越來越全球化，要判斷局勢發展變得更加複雜困難，很難光看個開頭就下判斷。」

定位

未經解讀的資訊根本一文不值。「定位」涉及比對資訊與通盤了解，先分析所有資訊，區分重要程度，進而設法洞悉局勢，依照經驗、先例、業界規則與最新資訊準確衡量各個變化。

博伊德以組裝雪上摩托車為例，解釋「定位」概念。他會叫別人想像四個乍看無關的東西，包括滑雪板、裝有外部馬達的小船、腳踏車和坦克車，然後憑想像各自拆開，再重新組合為一個新玩意兒：滑雪板提供底板，小船提供馬達，腳踏車提供龍頭，坦克車提供履帶——一輛雪上摩托車就此完成！博伊德以此為喻，說明如何消化資訊並提出精細的見解。「在面對無法預料的大小改變之際，贏家有辦法組裝出雪上摩托車，好好善加利用。」他說。

「一般來說，一大要訣就是握有遠勝對手十倍以上的技術，切入某個很小的市場。」提爾告訴我：「eBay的賣家很喜歡PayPal，因為他們的次佳選擇是要等七到十天才能收到款項的銀行本票。」

「我在尋找銷售通路的必勝一擊。」PayPal首任營運長大衛．薩克斯這樣描述能帶來顯著優勢的通路技術。獨特通路如同主流邊緣的另類點子，能帶來機會，跟產品特性一樣重要。

決策

在空戰中，飛行員必須當機立斷，才足以應付變局。這也適用於商界，迅速決斷是突圍之鑰。

行動

博伊德指出贏家能採取一連串出乎意料的行動，藉此出奇制勝，徹底擾亂敵軍。這時敵軍往往是從既有角度解讀變局，我方則要乘勝追擊，趁敵軍尚未改變策略以前先採取下一個行動，進一步擾亂敵軍的判斷基準。創新者也採取這種靈活行動，掌握市場優勢，領先其他反應遲緩的競爭對手。

一旦採取完行動，就回到OODA循環的第一步驟。隨著戰況改變，我們的觀點也隨之改變，只要越快看出現實與預想之間的差異，就能越早重新調整定位，做出決策，然後付諸實行。創新者懂得迅速完成一次次OODA循環。

「PayPal的同仁很擅長一件事，那就是迅速前進。」霍夫曼告訴我：「他們迅速想出辦法，做好事情，不管用的點子就丟到一邊。比方說，PalmPilot掌上型電腦那邊使不上力，我們就把計畫擱置一年，先專心切入電子郵件那一塊。」霍夫曼是職業社群網站LinkedIn的共同創辦人，在一九九九年加入PayPal，擔任執行副總裁。

PayPal團隊能迅速完成觀察、定位、決策與行動，不僅勝過資金雄厚的大型競爭對手，也勝過意圖不軌的網路竊賊。

薩克斯說：「我們的競爭對手在某些方面能一度贏過我們，但無法二度取勝。我們就看他們怎麼做，然後依樣畫葫蘆。」線上支付平台Dotbank.com提供註冊獎金，用戶每找一位朋友確實註冊就能獲得十元美金，而PayPal在一星期內提出類似獎金，用戶不只是找朋友確實註冊能獲得十元美金，光是提出註冊邀請就有十元獎金可拿。這種獎金成為很強的誘因。

PayPal是最早一批採取病毒式行銷的公司。「我們替PalmPilot推出服務的兩到三個月以後，發覺電子郵件的威力更大。」提爾告訴我。電子郵件是一個簡便的宣傳工具，PayPal用戶能匯款給任何有電子郵件帳號的對象，無論對方是否為用戶都行，匯款以後，對方會收到一封附有連結的電子郵件，請他註冊為會員以接受匯款。在某段期間，PayPal每天都增加兩萬名用戶。

OODA循環的核心是持續維持競爭優勢，而PayPal是靠eBay達成這一點。原本eBay的買賣雙方是靠郵寄支票或現金完成交易，但賣家只要請買家利用PayPal付費，每筆交易都能獲得十元美金當作回饋——這筆差額對賣家很重要。這招殺得eBay措手不及，PayPal則獲得爆炸性成長。

後來某位用戶詢問是否能把PayPal的標誌放上他的拍賣網頁，PayPal從中看見機會，立刻再度展開OODA循環，並比原本的要求更往前跨出一步，設計出「可用PayPal付款」圖示，剛開始是提供原始碼供賣家自行選用，後來發覺不如直接替他們貼出圖示更簡單。PayPal就這樣不斷迅速行動，每一回合占盡上風。

薩克斯表示：「eBay視我們為寄生蟲。」PayPal等同實際掌管這家拍賣網站的收銀機。當年eBay的執行長惠特曼靠收購線上支付公司Billpoint反擊，可惜PayPal更懂得有效善用OODA循環，迅速衡量局勢，加以調整因應，從而在瞬息萬變的世界往前奮進。這類創新者有辦法迅速完成觀察、定位、決策與行動，於是贏得戰局，至於競爭對手還在設法因應早已改變的局面。

此外，OODA循環還涉及一個要項：看穿敵方的意圖，並讓己方的意圖難以預料。eBay旗下的線上支付公司Billpoint與威士信用卡公司合作時，PayPal就用上這招。當時PayPal迅速推出現金回饋的簽帳卡，威士公司揚言提告，於是霍夫曼利用OODA循環設法因應。

「一般來說，對方只要一出招就在我的掌握之中。」霍夫曼說。他在公司內享有「救火隊長」的稱號，負責處理基礎付款服務、銀行關係、法規爭議與媒體關係。這次的爭端也由他負責，雖然他無法說服這家信用卡巨擘撤銷告訴，卻說服對方先研究市場再採取行動，因此替自己爭取到迫切所需的可貴時間。威士公司同意利用次年分析市場狀況，PayPal則乘機調整、行動、再調整，然後再行動——他們更懂得有效運用OODA循環

霍夫曼發覺企業領導人時常迫於時間不足，僅根據極少的資訊就做出決策。如今全球化競爭迅速激烈，創新者必須有能耐迅速決斷並採取行動。

提爾與列夫琴的公司Confitity與馬斯克的公司X.com合併時，他們必須盡快選出執行長。衝突接踵而來，首先提爾出局，由馬斯克上台，後來馬斯克下台，由提爾重返高位。然而他們可沒時間窩裡反。

二〇〇〇年夏季，公司光一個月就虧掉一千萬美元。提爾在網路泡沫化之前已募得一億美元資金，但他們的商業模式顯然有漏洞。「那跟一架波音客機栽到地面沒兩樣。」薩克斯說。他們想靠使用者帳戶上的餘額生錢，但使用者紛紛把餘額換回現金。此外，他們的每筆信用卡交易都得付三%的手續費。「沒有什麼比世界末日即將到來更能讓人集中精神。」霍夫曼說。

他們幾位創新者迅速分析問題，推出一個新措施：每位用戶都要先點選「接受」圖示，同意在交易金額超過一千美元門檻以後支付手續費。這項針對高額交易的新措施讓他們賺得營收，得以繼續經營。

解決這個難題後，他們碰到犯罪組織靠竊取信用卡帳號牟利。列夫琴發現第一筆惡性交易退單，接著發現密集退單的情況。起初金額損失率不到一％，但增加速度甚快，列夫琴立刻採取行動，在競爭對手了解事情的嚴重性之前先行出手。

「我發覺增加速度實在快得驚人，不是今天一筆、明天五筆，而是今天一筆退單、下星期暴增至五千五百筆。」列夫琴說：「事情一發不可收拾，才短短幾個月我們就損失慘重。」

網路竊賊靠自動化程式產生數千個帳戶，各帳戶之間的轉帳紀錄根本無從追蹤，所以列夫琴日以繼夜寫程式套件試圖還擊，但他每推出一個反詐騙措施，對方就見招拆招，幸好最後他終於設計出一套雙重反制措施。

他飛速套用OODA循環，開始追問：「有什麼事情是人做得到，但電腦做不到？」他的第一個措施是推出由模糊字母組成的驗證碼，僅人眼能辨識，正確輸入以後才能完成連線。這措施由他們私下稱為：「你是人嗎」測驗。如今無數筆線上交易都要輸入彎曲變形的驗證碼才能完成。

第二重措施利用到一個由列夫琴命名為「IGOR」的複雜軟體系統，這套系統能呈現大量資料，揭露大筆金錢的流動狀況，供分析人員追蹤金錢與安全性方面的漏洞。提爾告訴我：「我們學到有些問題無法單靠人力或電腦解決。所以我們讓員工接受分析訓練，再搭配電腦程式找出異常現象。」這項新系統啟用以後，損失大幅減少。他們團隊再度迅速觀察、定位、決策並行動，勝過圖謀不軌的網路竊賊。

網路竊賊猖獗橫行之際，競爭對手只能束手無策，但PayPal具備迅速處理問題的豐富經驗。「如果你有資源，而且是身處在產品汰換迅速的產業，那麼你必須要有能耐迅速調整因應。」霍夫曼說。

即使網路面臨泡沫化，PayPal仍在二〇〇一年第一季首次獲利。當年矽谷一間間公司關門大吉，他們卻在二〇〇二年二月首次公開募股。同年七月，eBay放棄Billpoint，選擇以十五億美元收購PayPal。

建立強勁團隊

「創業不是靠自己單打獨鬥，而是靠團隊群策群力。」提爾告訴我：「你會碰到許多高低起伏，所以一個重點是大家要能同舟共濟。這時了解背景很重要，你不會想跟一個上星期才剛認識的傢伙合作創業——就像你不會在拉斯維加斯的吃角子老虎機器旁邂逅一個人，然後就跟對方結婚。你也許就這麼碰上真愛，卻更可能是做了一個糟糕透頂的爛決定。」

創新者跟信賴的夥伴共事，一起做出觀察、定位、決策與行動。提爾與列夫琴大多是從母校的朋友圈找人，才建立起一支緊密的團隊。提爾在青少年時期是全美排名前二十名的西洋棋高手，在史丹佛大學研究法學與總體經濟學，後來創業時也是招募同校朋友，尤其是從他共同創辦的自由意志主義雜誌《史丹佛評論》找來許多人。列夫琴是烏克蘭人，從一九八六年車諾比核災逃過一劫，旋即移居美國，後來就讀資工領域頗負盛名的伊利諾大學香檳分校，鑽研電腦科學，他也從母校找來許多同學一起打拚。

霍夫曼是PayPal的第一位董事，也是提爾的大學朋友。他轉述當年提爾對他說的話：「你每個月一直跟我講你在交友網站SocialNet擔任執行長所學到的啟示，那你何不乾脆來幫一幫我呢？」他擔任董事以後跟提爾說定的第一個具體協議是：提爾隨時能打給他，而他要在午夜以前回電。他們每週日上午也會一起散步，討論創業成功的條件。後來霍夫曼辭掉原本的工作，全心投入提爾的團隊。

「我認為PayPal能成功的一大原因在於，我們有一支非常緊密的團隊，大家各有各的專長。」列夫琴告訴我：「我們同心協力一起奮鬥，相信自己可以成功。」

想有效完成OODA循環，有賴一支團隊的協助。在空戰之際，飛行員不只仰賴個人技巧，也要靠整支中隊展現技巧、忠誠與使命感，彼此互助合作，任務才能遂行。各個飛行員按隊形飛行，彼此更能合作無間，其中一位擔任隊長，其他隊員以機動複雜的翻轉動作跟在四周，首要目標為掩護隊長的視覺死角，亦即視野以外一百八十度角的範圍。由於任務與職責的改變，隊長有時退居隊員，隊員則升任隊長，但大家都行動得宛若一體。

創新者建立公司時也是如此。提爾告訴我：「小公司常毀於人事摩擦，而衡量員工是否會有摩擦的最主要指標就是看他們有多像朋友。大家密切交流，好過大家各行其事。」

創新者建立起一支忠誠的團隊，每位成員自有想法，在大小會議上，在不同部門間，彼此公開交換想法，你來我往激起火花。創新者必須鼓勵同仁腦力激盪並全心投入。

在PayPal內部，所有顧客意見、營收資料與網路詐騙損失都能公開討論，任何員工不分上下都有責任讓公司越來越好。列夫琴說：「在PayPal這裡，如果你認為某個做法是不對的，你卻沒有提出來，那麼我們絕對會覺得你很不應該。不管你是下屬或主管，沒提就是不對。」

只要不失風度，團隊成員互相爭論有助公司進步。創新者懂得問：「你會採取什麼不同的做法？我們該怎麼重新評估？我們的假設有哪裡出錯？」良性辯論有助提升決策的品質，提出勝過競爭對手的精采辦法。

倫斯戴爾原本在PayPal實習，後來成為數據分析公司Palantir的共同創辦人之一，他指出：「PayPal的成功有賴一群聰明人攜手合作。公司裡常常有你來我往的辯論，你必須捍衛自己的想法，說明你正在做些什麼，還有這樣做的價值何在。」高階主管時常無法做出最好的決策，所以該鼓勵公司同仁直言不諱，針對成效不佳的做法提出建言。

「我那時二十二歲，性子很急，有一次還發電子郵件嚴詞反對整個公司高層的決定。」商家點評網站Yelp的共同創辦人史托普曼回想早期待在PayPal的情景時說：「我並沒有惹上麻煩——PayPal的企業文化鼓勵我去質疑高層。」如果你想有效善用OODA循環，你該鼓勵同仁敢於提出有見地的意見，讓下一次循環變得更好。PayPal的幾位創辦人很有主見，卻也歡迎異議。

薩克斯認為意見太過一致容易導致災難：「如果大家彼此意見一致，我會覺得滿假的。找些意見不同的人會很有幫助，你可以聽一聽他們怎麼說，或逼自己把想法解釋得更好。」多元意見充分表達，有助加速公司進步。

良性的意見交換不僅有助PayPal蒸蒸日上，也有助PayPal幫在二〇〇〇年網路泡沫化之後成功創立許多公司，讓強調使用者互動的第二代網路（Web 2.0）蓬勃興盛。

比方說，商家點評網站Yelp的概念源自二〇〇四年一場在帕羅奧圖市的午餐聚會。當時有十幾個人替列夫琴慶生，其中多數為PayPal的前員工。史托普曼和西蒙斯這兩位待過PayPal的工程師在餐會上靈光一閃，開始思考是否能建立一套消息分享系統，供使用者把有關醫生、牙醫或乾洗店等資訊向朋友推薦。

在吃完那頓午餐回程的路上，史托普曼和西蒙斯決定把這個新生意的點子告訴列夫琴。隔天，列夫琴同意出一百萬美元資助這項計畫，並提供辦公室給他們。他們做得有聲有色之後，霍夫曼與提爾也提供指導建議。等他們需要尋求創投資金時，PayPal前任財務長暨創投公司Sequoia創辦人的魯羅夫．博塔出面替他們引薦。

史托普曼和西蒙斯多次善用OODA循環，才終於讓這個點子開花結果。他們最初設計一套電子郵件系統，供使用者向朋友尋求各種推薦，對方則回覆貼在共同頁面上。這套系統並不成功。史托普曼和西蒙斯很快發現提問者不見得能得到回覆，被問者則遭一連串問題轟炸得很不耐煩。

後來他們加上「我要回覆」小圖示，供任何使用者不請自答。史托普曼說：「當時西蒙斯問我，我們該不該讓使用者回答他沒被問到的問題？儘管我一心認為大家才沒那種閒工夫不請自答，但我還是回答說：好啊，就加個功能吧。」雖然這個圖示不顯眼，使用者卻開始踴躍回覆。史托普曼說：「他們在一個問題下面留了五則、十則，甚至十五則回覆，簡直上了癮似的。我們一開始沒想到大家這麼喜歡回覆。」

二〇〇五年二月，也就是四個月以後，史托普曼和西蒙斯重新推出整套系統，供使用者自由回覆。史托普曼說：「我們很清楚PayPal先前是怎麼走過一段曲折才真正成功。所以我們知道大概無法一開始就做對，之後會要再大幅調整。我們看到很多使用者開始寫回覆，我們就知道該怎麼調整方向，走上正軌。」史托普曼和西蒙斯原本沒想到使用者會有興趣推薦當地的乾洗店，但當他們發覺自己想法錯誤以後，立刻著手修正。

「你要擦亮眼睛，放開心胸，看見修正的方向。」史托普曼說。二〇〇八年上半年，他們針對iPhone推出應用程式，公司業績突飛猛進。某位實習生設計的小程式後來則成為手機上第一個「擴增實境」應用程式。基於好玩，史托普曼和西蒙斯把這個「科技迷會愛」的小程式加進系統，當作額外的隱藏版彩蛋功能，但他們接著發覺這個結合手機攝影功能與商家資訊的小程式大有前途，使用者只要在街頭打開攝影功能緩緩轉一圈，商家資訊就立即顯示於螢幕上。他們立刻開發出Yelp Monocle應用程式，把資料下載速度提升三〇％至四〇％。史托普曼和西蒙斯靠迅速完成觀察、定位、決策與行動的能力，建立起一家估計市值超過六十億美元的企業。

打破設限的YouTube

YouTube的幾名創辦人也是善用OODA循環抓住機會。如今YouTube是熱門的影片分享平台，但最初則是影片交友網站，原始點子來自照片評分網站HOTorNOT.com。

在二〇〇三年那個時候，多數網站都是由網站管理員負責增刪網站的內容，但HOTorNOT.com則開放所有使用者上傳照片，供別人觀看與評分（可選一分至十分）。這是第一個供使用者自行上傳內容的創新做法，陳士駿、賀利與卡林姆知道以後大感興趣。

他們設計一個可供上傳交友影片的平台，卻發覺使用者對卡林姆在聖地牙哥動物園的一部影片起了濃厚興趣。在這一部名為〈我在動物園〉的十九秒影片中，卡林姆站在大象的圍欄前面說：「這些傢伙很酷的地方在於牠們有非常、非常、非常長的鼻子，這真是很酷。除此之外我沒什麼好說的了。」為什麼使用者對卡林姆的動物園之旅有興趣？原因令人費解，但他們三個留意到自己的原始構想與使用者反應之間存有落差，非交友影片與交友影片在網路世界上同樣有吸引力——甚至更有吸引力。

他們覺得交友網站太過設限，考慮供使用者上傳網拍的影片。後來他們開放所有一般用途的影片。短短幾個月，使用者開始上傳寵物、笑話、課堂與旅行探險等影片。他們這三位創辦人以前待過PayPal，認為該靠現有平台促進成長，於是公開原始碼，供使用者把影片加進自己在當年最熱門社群網站MySpace的個人頁面上。他們在二〇〇六年以十六億美元的價格把YouTube賣給谷歌，在此之前始終靠MySpace讓自己成長茁壯。

職業社群網站LinkedIn：靈活的續航力

「在消費者網路時代，如果你剛推出產品時沒有覺得侷促不安，就代表你推得太晚了。」霍夫曼告訴我：「每個人都希望自己的產品厲害、耀眼與充滿突破性，所以花太多時間研發設計，但其實時間也很重要。」

霍夫曼是擅長運用OODA循環的老手，他發現網友基於社交目的會用假名與圖片頭像隱藏真實身分，職業社群網站有其市場需求，於是他在二〇〇二年著手切入這塊領域，讓社群網站不再只是用來交友、娛樂跟分享照片——他一下定決心就全速進行。

二〇〇三年五月五日，職業社群網站LinkedIn問世，但用戶數量成長極慢，每天只有二十個新用戶加入。霍夫曼先前在PayPal見識過病毒式的高速成長，於是也靠用戶邀請的方式促進成長，但他發覺一般人想知道別人是否也有使用LinkedIn，藉此決定自己是否參加。「這是一個沒有人用的空蕩社群，還是一個很多人用的人脈網絡？」霍夫曼這樣形容一般人的心態。

他推出「用戶名單」功能，供使用者查看認識的人是否在用LinkedIn，結果開始吸引到用戶。創新者必須觀察（消費者的舉動），定位（手上資訊的意涵），決定（採取的行動），然後實際行動（例如改變網站的功能）。霍夫曼把這段過程稱為「靈活的續航力」。到二〇一四年為止，LinkedIn已有三億三千二百萬名用戶，營收超過二十億美元，公司的估計市值為二百七十億美元。

Palantir：不斷進化的情報公司

在eBay買下PayPal以後，提爾成立對沖基金公司Clarium與風險投資公司Founders Fund，還跟倫斯戴爾、史蒂芬·柯漢、亞力克斯·卡普與納森·蓋亭斯研究創業機會。二〇〇四年，他想開發一套類似IGOR的商用系統，協助打擊恐怖主義，數據分析公司Palantir就此應用而生。Palantir原本是指《魔戒》裡的「真知晶球」，如今這家公司負責開發供迅速查看大量來源資料的企業級應用軟體。

「在PayPal的時候，我們先想出一個點子，接著不斷調整改變，看怎樣做才可行，然後就這麼做下去。」在PayPal擔任過工程師的倫斯戴爾說：「在Palantir也是這樣，如果你能保持彈性不斷重做，你的構想就能一次次不斷進化。」

分析人員能靠Palantir開發的軟體找出特定資料模式，例如空軍官校的可疑註冊紀錄。比方說，在九一一恐怖攻擊之前，主謀艾塔替十九名劫機分子訂機票，其中五名是登記相同的電話號碼，如今有Palantir的軟體輔助，分析人員更可能從大筆資料中發現這類不顯眼的蛛絲馬跡。

目前Palantir已協助相關單位成功鎖定賓拉登的行蹤，防止伊拉克的路邊炸彈攻擊，揭露阿富汗自殺炸彈客的連繫網絡，還有追蹤墨西哥的販毒組織。中央情報局、美國國防部與聯邦調查局靠矽谷這家特殊的新創公司提供資料探勘工具，獲取情報並據以行動。

Palantir的幾位創辦人必須觀察、定位、決策並行動，解決出乎眾人意料的問題。「我們矽谷人習慣面對的是井井有條的整齊資料。」倫斯戴爾說。相較之下，負責國家安全的政府單位則要面對亂七八糟的混亂資料，「有些資料你可以信任，有些資料則並不可靠。」此外，國安單位面對的資料還涉及其他問題，例如資料存取權限範圍、資料來源追蹤問題，還有防範外部威脅措施等。Palantir必須大幅修改原有技術加以因應。

Palantir執行長卡普最近跟政府開會時說：「如果你發現前方有一座能摧毀你們這艘

船的冰山，你不會說：『基於現有商業模式，我們只能照這方向往前開。』你會說：『那邊有一座冰山，我們要不就把它轟掉，要不就繞過去，要不就趕快製造一部能對抗地心引力的機器。』不管怎樣，我們該做的就會去做。」

他們團隊投入OODA循環，馬不停蹄的設計出功能更強的Raptor程式，替來自信任與非信任來源的大量結構化及非結構化資料編列索引。將近三年期間，他們的工程師與情報分析員密切合作，反覆改良這套搜尋工具，確保分析員能靈活運用資料做分析。二〇一四年，Palantir的營收幾乎達到十億美元，公司的估計市值為九十億美元。

育成公司HVF：協助龜速進展的產業

「我們正靠『辨別模式』獲取可供準確分析的資料，想出更好的做法，解決世界上一大堆的問題。」列夫琴告訴我。當時他正在解釋為何他要再度利用OODA循環並創立實驗育成公司HVF。

HVF贊助那些試圖藉資料解決人類重大問題與增進市場效率的公司。列夫琴在二〇〇四年創立影音分享公司Slide，後來在二〇一〇年以一億八千二百萬美元賣給谷歌。他也協助創立商家點評網站Yelp，並擔任董事長。然而他要等到二〇一一年創立HVF才重拾熱情：「對資料的癡迷狂熱」。

「這家公司跟PayPal很像。當年金融業針對網路詐騙提出不少措施，卻沒有好好分析上千個變數。」列夫琴解釋說：「可是PayPal因為網路詐騙損失大筆金錢，留下數百萬筆紀錄，所以我們能設計出準確的IGOR軟體系統來防止惡徒。我們使用資料來懲奸除惡。」

列夫琴花少量資金突然蒐集到大量資料，決定靠這機會把他的技術與商業本領應用到幾個「進步龜速」的領域。HVF在二〇一四年年中分出兩家公司：助孕軟體公司Glow與行動支付公司Affirm。

列夫琴眼看美國的醫療照護系統面臨財務困難，決心從嶄新的角度切入問題。他關注的不是提高醫療費用，而是協助大眾花更少錢維持健康。

列夫琴告訴我：「一般人很不善待自己的身體，而且很難改掉壞習慣。『我明天會開始健康飲食，但今晚我還是吃一塊起司蛋糕吧。』這種話到處都聽得到。」然而，如果大眾能獲得個人化的健康資料，得知自己種種壞習慣的負面影響，情況會有何變化？

列夫琴把重點擺在心臟病防治。他設計出一個簡單的原型機，用來偵測心臟周圍組織的水分滯留量，並在使用者亟需醫療處置時發出警示聲響。然而醫療保險公司對此興趣缺缺。

列夫琴迅速調整方向，決定扮演「救星」，設法解決其中一個備遭醫界主流忽視的問題。他在二〇一三年創立Glow，替尋求受孕的女性開發應用程式。醫療保險絕少支付不孕症的相關治療費用，但高齡產子的社會潮流導致不孕症逐漸盛行，所以他決定跨足這個領域。Glow開發的應用程式結合資料蒐集與機器學習，供女性在月曆上輸入月經週期、基礎體溫、情緒狀態與維生素攝取量等數據，藉此計算最佳受孕時間。

Glow也推出嶄新的醫療保險模式。這個應用程式的用戶能選擇每月在公共基金存入五十美元，連存十個月，屆時所有基金會平分給每對仍未受孕的夫妻，當作治療不孕的醫療費用。

「一旦我們有幾十萬個資料點，就能更加了解不孕症。」列夫琴說。屆時他們將善用手上的資料，再度進入觀察、定位、決策與行動的循環，向不孕症持續開戰。

自從二〇一二年以來，列夫琴也以執行長的身分善用OODA循環，帶領創新行動支付公司Affirm往前邁進。今日我們用以申請房貸、車貸與信用卡的信用資料，其實非常簡陋原始。列夫琴說。現今廣泛使用的「信用分數」源自一九七〇年代，當時消費行為只由少數幾項資料記錄。Affirm利用數萬個資料點衡量一個人的信譽，所用資料包括社群影音檔案與行動電話數據等，列夫琴認為這套評估方式勝過傳統做法。

合格消費者能以列夫琴口中的「數位帳款」進行線上付費，金額上限可達一萬美元，日後再結清帳單。商家的好處則是能放心核可消費者賒帳消費，風險則由Affirm承擔。

「到時候就會知道我們能不能擊倒那些所謂『大到不能倒』的巨人。」列夫琴告訴我。由於列夫琴相當擅長觀察、定位、決策與行動，那些超大企業真該當心了。

企業社群網站Yammer：突破臉書重圍

PayPal的營運長薩克斯也許是全公司最能有效善用OODA循環的高手。早期PayPal碰到危急時刻之際，正是由他決定推出「接受」與「拒絕」圖示，向用戶索取交易費用。

在PayPal賣給eBay以後，薩克斯搬到好萊塢，成立Room 9娛樂公司，推出《銘謝吸菸》等電影。二〇〇六年，他與夥伴共同創立家族社群網站Geni，供用戶編輯族譜檔案並與親人分享資訊。

「可是到了二〇〇七年，我發現這個市場顯然會被臉書吃掉。」薩克斯說。為了因應臉書的威脅，他決定強調族譜功能，並帶領團隊往商務應用去發展，最後推出社群網站Yammer，使用者介面與臉書大同小異，卻是為企業用途量身打造。

在開發Yammer期間，薩克斯發現一項市場需求：大企業內部人員希望能密切溝通，有效進行跨部門的專案合作。薩克斯說：「我們解決許多辦公室的問題。有些人碰到的問題是：我的同事是誰？他們在忙什麼？我要怎麼貢獻一己之力？其他專案跟團隊在忙什麼啊？」

薩克斯想找出一個「誘人」要件，讓上Yammer成為一個大家天天會做的簡單行為，就像以PayPal匯款那樣。他推出包括專案進度細節的工作圖功能，並方便用戶詢問

「你在做什麼」等問題，結果用戶數量大幅成長。Yammer的功能包括發警報、發公告、傳私訊，並允許不同專案團隊與同事上傳訊息，用戶能發表對話、檔案、問題、影片、簡報檔與其他工作相關資料，甚至舉辦投票。

薩克斯告訴我：「如果我只有一個好產品的點子，我絕不會創立公司。你也要有好的宣傳點子。」

薩克斯設計出一種「免費增值」宣傳策略，任何企業職員都能直接註冊使用Yammer這個免費系統，無需下載軟體或經過核可，另外還能自由邀請同事一起加入。等越來越多職員開始使用，企業會把這個系統當作可貴的資源，付費升級服務，多加使用，發揮內部管理功能。

當然，薩克斯明白別人也能迅速抄襲他們公司的成長策略，爭搶這個由他找出的機會。這些善用OODA循環的好手知道自己必須不斷進步。

薩克斯強調公司要在模仿者跟進以前「由小變大」。在Yammer創立一年以後，他募得一億四千萬美元，並招募二百位員工。他說：「我只相信公司在成功之前可以小一點。如果我們公司很小，只是一支由十五到二十人組成的團隊，那麼之前軟體公司Salesforce推出即時通訊軟體Chatter的時候，我們大概會像隻蟲子被壓扁吧。」薩克斯在二〇一二年以十二億美元的價格把Yammer賣給微軟。

永無止盡的OODA循環

PayPal幫的秘密是什麼？為何這群創新者能一再創立成功的新公司？

提爾說：「在PayPal工作是一段非常好的學習經歷。我們學到一個很好的啟示，那就是即使事情很困難，但只要你用心去做，還是能把事情做好。」提爾表示，在許多情況下，事情要不就是太過順利，要不就是毫無起色。「如果你一輩子都在微軟工作，大概就是順順的一路走下去。另一方面，如果你是待在一家失敗的公司，你不會知道自己是否學到正確的經驗。」在PayPal的經驗則是「介乎中間」，讓他獲益匪淺。

所有PayPal的早期成員都很年輕，擅長競爭，滿懷好奇，而且準備好重複利用OODA循環找出可行的做法。Confinity和X.com兩家公司找來許多天資聰穎的年輕人，而公司由eBay收購以後，他們等同在職業生涯早期即獲得一筆資金，開始自由發揮天分。「PayPal幫」目睹成功企業的創立過程，邁出腳步再次創業。他們的事業往前發展，還互相支持彼此的新計畫。

OODA循環經過演練會熟能生巧，變成直覺反應。無論身在哪個戰場，任何人都能善用OODA循環，這不是PayPal幫成員的專利。我們每個人都能學著觀察、定位、決策並行動，始終保持一步領先。

創新者筆記

- OODA循環：四個字母分別代表觀察（observe）、定位（orient）、決策（decide）與行動（act）。創新者觀察消費者的舉動，定位手上資訊的意涵，決定採取的行動，然後實際行動，例如改變網站的功能，如此才能在多變環境裡創造競爭優勢。
- 創新者懂得解讀世局，採取關鍵行動，迅速調整修正，所以有辦法取得勝利。
- 創新者的一大要訣就是握有遠勝對手十倍以上的技術，然後切入某個很小的市場。

誠實

第四章　誠實的創新者

對自己的失敗誠實

如果有件事夠重要，或者如果你相信有件事夠重要，那麼即使你很害怕，你還是會繼續走下去。

連續創業家 馬斯克

JetBlue創辦人 尼勒曼

重點不在於你這輩子碰到什麼事情，而在於你怎麼處理這些事情。

我明白如果自己不堅持，這件事絕對會由別人做出來，到時候我會懊悔一輩子。

Jawbone共同創辦人 阿賽利

我沒有失敗，我只是發現了一萬個行不通的方式。

愛迪生

當我發覺一個做法不夠好的時候，我就改變做法。我必須失敗看看，不失敗代表衝得不夠猛。

Stella & Dot創辦人　赫琳

eBay創辦人　歐米迪亞

一旦你成功，大家就希望你繼續照著之前的那一套來走。不管顧客、員工、主管或董事統統都是這樣。可是在變化迅速的環境中，你必須逼自己不要只是按照原本的那一套做法。

LinkedIn創辦人　霍夫曼

老實說，如果你完全不想失敗，那你通常也完全不會成功。

若試過，失敗過，沒關係。
再去試，再失敗，並從失敗中進步。

——諾貝爾文學獎得主貝克特

創新者都面臨一件事：失敗。

有些很早失敗，多數時常失敗，而且幾乎每位今後都會再次失敗。然而失敗伴隨著一個好處：啟示。

在我們實踐新點子之際，我們會發覺多數預測盡皆落空。創新者必定會遭遇失敗，面臨棘手的談判，碰到意外的結果，產品三不五時出現瑕疵。這些失敗既不有趣好玩，也不教人愉快，卻無可避免。

「我從SocialNet的失敗學到一大堆教訓。」霍夫曼這般提起他的第一間公司。「我們這行要做很多設計樣本，而我們在開發產品與服務的過程中，一大堆樣本都是以失敗收場。」設計公司IDEO共同創辦人大衛·凱利說：「矽谷有個優點就是把失敗當成榮譽，矽谷人珍視的是失敗之後的啟示。」

創新者能誠實的（有時甚至是殘酷的）面對自己的成功與失敗，並決心從失敗中記取教訓。馬斯克說：「你必須要求朋友對你直言不諱。他們不想讓你難過，但他們其實可以看出你哪裡做得不對，而且往往比你自己還早看出來。」創新者坦然承認自己的弱點，需要協助時也不會羞於開口。自知之明是一大關鍵。此外，他們既不會掩飾自己的錯誤，也不會粉飾他人的錯誤。

事實上，創新者樂見小小的失敗，並藉此驅策自己。「妳今天犯了什麼錯呢？」布蕾克莉的父親在他們每晚用餐時都這麼問。她球沒打好，歌沒唱好，好幾次考砸法學院的入學考試，推銷傳真機時也碰到閉門羹，但她沒有因為失敗而裹足不前，仍一心想替她設計出的創新褲襪申請專利，進而創立Spanx，白手起家成為美國首屈一指的億萬女富豪。

即使是世上絕頂聰明的天才也很少一出手就成功。海明威把《戰地春夢》的結尾改寫過三十九次才終於決定付梓；希區考克把《驚魂記》的淋浴場景重拍七十八次，只求把這個驚悚場面拍得準確到位；梵谷用「重畫」一詞描述他的創作過程，一幅作品要經過反覆重畫才能大功告成；貝多芬寫交響樂時會刪改數百次，改到紙頁變得坑坑疤疤。

創立公司難道會比較容易嗎？難道不該是更加困難嗎？創新者是面對千變萬化的市場。傳統企業家往往靠追求效率以盡量降低風險，新創新者則從失敗中學習如何向前。

「當一切都行不通的時候，矽谷創投公司Y Combinator的共同創辦人保羅．葛拉漢同意讓我們跳出舒適圈，去找我們在紐約的用戶聊一聊。」住房短租網Airbnb的共同創辦人傑比亞說。傑比亞與契斯基決定好好面對自己的失敗，於是親自跟Airbnb的用戶訂房，住進他們家，趁著吃早餐時跟他們交談。傑比亞與契斯基很快就發現，這些屋主在拍攝房間環境時沒有正確採光，於是他們租借相機供屋主把照片拍好，增加訂房率。

醫療公司Theranos的創辦人荷姆絲說：「我們一開始就預設自己可能會失敗上千次，但還是要創業成功。我們開玩笑的把自家產品稱為『愛迪生牌』。」這個諢稱源自愛迪生的一句名言：「我沒有失敗，我只是發現了一萬個行不通的方式。」

創新者逐漸學會正面看待失敗。為了敗得聰明，他們做出小嘗試，設定可接受的失敗比例，抱持信念堅持不懈，並化挫折為力量。現在我們來談他們是如何敗得聰明。

做出小嘗試

珠寶品牌Stella & Dot的創辦人赫琳說：「你必須把失敗看成是起頭或過程，但絕對不是結束。大家很常問我：『妳什麼時候知道這行得通？』答案是一直知道！我一直都知道！我只是從來不認為前十次的嘗試就能成功。」

二〇〇三年，赫琳在德州奧斯丁市自宅的觀景房裡重組著一顆顆珠子。她坐在工作檯前，盯著亮晶晶的廉價珠子與一圈圈絲線，思索該如何靠珠寶做出一番事業。她家堆滿珠寶組裝工具盒、幼童教育遊戲、客製祝賀卡，還有其他直銷產品。她懷有三個月的身孕，時間所剩不多。

她原本是戴爾電腦的電子商務經理，配合先生的工作搬來德州。雖然她在企業裡待得不錯，但照她自己的說法，她想「解決一項現代女性的兩難」。她覺得女性要的是有彈性且自由的工作，於是決心想個好主意。

出乎意料的是，她是在達拉斯的旅館裡靈光乍現。當時她在搭電梯，四周都是參加玫琳凱化妝品公司所辦會議的化妝品女性業務，一個個披戴著玫琳凱公司的肩帶、皇冠與鑽石項鍊，互相交換銷售訣竅，對自身成就引以為傲，散發出旺盛精力，顯得獨立而自主。這就對了。她決定拿現代銷售工具輔助行銷，創立珠寶公司 Luxe。

赫琳說：「我大概辦過一百場派對跟私人發表秀，才終於找對方法，做出對的產品。我自己做珠寶，自己跑活動，還自己架網站，全靠自己來。」

赫琳認為每次都該做點小嘗試。在一場場發表秀上，她採用試誤法，分辨可行與不可行的做法，明白她最初的手工珠寶點子行得通但不夠好。赫琳說：「當我發覺一個做法不夠好的時候，我就改變做法。我必須失敗看看。」

二〇〇四年，赫琳和夥伴哈莉絲創立「專屬於女孩們」的珠寶直銷公司 Stella & Dot，靠稱為「設計家」的獨立顧問直接銷售風格時尚的珠寶，銷售方式是透過網路與直接拜訪。「Stella & Dot」是她們祖母的名字。她們推出手機應用程式、穿搭建議短片與個人化網站，供「設計家」向顧客登門推銷商品。

赫琳帶我參觀加州聖馬特奧市總部最新的珠寶生產線時說：「有些公司花很多錢，卻賠得一塌糊塗。我們先做小型測試，然後才投入一百萬美元的資金好好去做。這樣滿容易的。」

藉由做出小嘗試，赫琳妥善做好失敗管理。如今她也要求旗下的設計家加入試誤行列，協助挑選商品。比方說，她會替商品發表秀準備彩色貼紙，顧客能把「喜歡」跟「討厭」貼紙貼到每樣商品上，負責登門推銷的前線銷售人員也會替項鍊、耳環、手鐲、樣品與型錄封面做票選。由於眾多銷售人員已先替商品試過水溫，赫琳能先面臨一次次小失敗，最後才大舉投入資金。

赫琳說：「我盡量採取的決策架構是這樣：『我該怎麼先只發射小砲彈，這樣等我重新校準目標，準備讓大砲彈上場的時候，我還有足夠的火藥可以大肆開火？』」所以我是有計畫的冒險。我們公司必須備有足夠的火藥，確保我們能持續成長。」

在赫琳考慮進軍英國市場之際，她聽說英國女性較保守，不願讓銷售人員踏進家門。為了檢驗這個說法，她花五天到五位英國婦女的家中推薦商品，在她們自家的客廳直接問這種銷售模式是否可行。她費了一番工夫，得知這樣可行。二〇一一年，她讓公司跨足海外。如今英國、德國、法國與愛爾蘭的女性都以直接登門方式推銷她們的產品。

赫琳說：「當你創業的時候，如果你想不出答案，你會假定有人知道答案。但其實沒人完完全全知道答案。我的做法反而是：我要試這三種方法，其中有一種會行得通。」

赫琳的公司蒸蒸日上，銷售額在二〇一三年超過二億美元，旗下有三萬名銷售人員，包括愛開車載小孩參加體育活動的達拉斯婦女、曼哈頓的大學生、邁阿密的老婦人與舊金山的女醫師……等，她們在各地做出小小的嘗試，到親友家中推銷商品。

赫琳說：「我們的目標不是新年業績要創新高。我在董事會上表示，我們的目標是讓公司一年一年變得更大、更好。我希望公司能長久經營下去，而這要靠犯下很多錯誤，還要讓內部同仁願意犯錯。」

棉花糖挑戰

彼得．斯基爾曼現在是手機公司諾基亞的高階主管，他在二〇〇二年擔任科技公司Palm的使用者經驗部門負責人時，設計出一種團隊競賽實驗，如今稱為「棉花糖挑戰」。

這個實驗十分簡單。每四人一組，各組有十八分鐘建構最高的獨立式結構體，所用材料為二十根義大利麵條、膠帶、細繩，以及一粒棉花糖，棉花糖必須放在頂端。你會怎麼做呢？

斯基爾曼花五年先後找七百人分組挑戰，包括商學院學生、台灣電信工程師、東京大學畢業生，還有《財富》雜誌世界五百強企業的主管。實驗結果在二〇〇七年發表於探討顧客體驗的創新會議——基爾會議。

一如預期，工程師表現出色，他們設法組裝義大利麵條以支撐棉花糖。商學院學生表現最糟，花太多時間計畫與協調，把麵條左擺右放，而且（照斯基爾曼的描述）他們爭論起該由誰擔任義大利麵公司的執行長。

到底是誰表現得最好？答案是幼稚園學童。為什麼幼稚園學童能擊敗受過專業訓練的工程師？原因在於他們不怕失敗。他們沒有浪費任何時間：沒有坐下來討論義大利麵塔的理想外型，沒有爭奪權位，也沒有試圖列出完美策略——他們只是一古腦的展開行動，無所畏懼。幼稚園學童不認為只有一個正確解答，他們動手實作，迅速放棄不管用的做法，從每一次的嘗試中學習，再展開下一次嘗試。

各組幼稚園學童搭建的結構物造型迥異，但平均高達六十四公分。工程師擁有高等學位與多年經歷，但他們搭建的結構物平均僅六十一公分。此外，只有幼稚園學童詢問是否能增加麵條數量。成年人不會質疑規則，孩童則不受規則束縛。

斯基爾曼說：「如果時間不多，就更該失敗。失敗得快，成功得早。」

幼稚園學童不怕失敗，所以從錯誤中學習，進而獲得成功。

按下行動鍵

二〇〇四年夏季，加州大學研究人員來到加州聖馬克斯市的一處社區，在九百八十一戶住家的門把掛上黃色牌子，上面印有清楚的節能標誌，並有英文與西班牙文的節能標語：「你每個月可以省下五十四美元」「你能拯救這顆星球」或「當個好公民」。結果這些標語統統無效。第四種標語則是：「附近七七%的鄰居已關掉冷氣，改開電扇，請加入他們的行列。」這個標語奏效了，屋主紛紛開始節省能源。社會壓力是一種強而有力的激勵因子——勝過金錢誘因與道德勸說。

丹・耶慈與艾力克斯・拉斯奇受到這個實驗啟發，投入行為科學研究，設法藉此減少大眾的能源消耗量，並做出跟門把掛牌類似的小嘗試。

拉斯奇說：「耶慈有個『按下行動鍵』的說法，我覺得很老套，現在還是這樣覺得，但那滿有用的。我們決定同時試許多方法，看能否一起替環境做出正面貢獻。如果我們覺得有個不錯的點子值得投入，我們就『按下行動鍵』，不再左顧右盼，而是用心去實行那個點子。」這對二人組試過的點子包括回收冰箱、改良家電用品以求節能，還有製作太陽能板等。

他們這對大學好友想靠行為科學改變消費者的用電習慣。耶慈是電腦工程師，創立過教育評量軟體公司Edusoft。至於拉斯奇則自稱：「我搞過很多失敗的社運活動。」此外，他也跟政治團體合作，推動節能等公共議題。

某日他們從維奇尼亞州阿靈頓市來到史丹佛大學參加太陽能會議，但早到幾個小時，臨時決定到帕羅奧圖市電力公司提出他們根據消費者行為而來的構想。出乎意料的是，行銷主任願意跟他們會面。「如果你們投入這個的話，我們會是你們的第一個顧客。」行銷主任告訴他們。隨後拉斯奇決定專心從能源運用著手，達到節能目標。「你瘋了嗎？這邊是矽谷，不是美國耶。」耶慈對拉斯奇說。

耶茲與拉斯奇繼續做出小嘗試，他們致電德州能源局的一位熟人，並獲邀參加德州議會在二〇〇七年四月的一場會議，於是飛往奧斯丁市。「我們有四天住在一起，而且在會場掀起一陣騷動。」耶茲說。一位議員表態支持他們的「可愛點子」，會試著列進第三六九三號議會法案，但要是有人反對，這個消費者節能計畫就會胎死腹中。後來法案通過，耶茲與拉斯奇再度獲勝。

「我們那時認為，既然加州的嬉皮跟德州的共和黨員都支持，看來這點子還不錯。」拉斯奇說。

他們在同年創立Opower，預計提供民眾專屬的居家節能報告，報告裡詳細列出該住戶的用電狀況，還有附近一百戶的用電狀況，並提供節能建議，例如外出時關掉電器與電燈、在閣樓加裝隔熱設備、塞住門縫，還有改用節能電燈與電器。

沙加緬度市電力局向他們展現出興趣，卻是想計算碳排放量。耶茲說：「我們只花兩個星期就替他們做出碳排放計算裝置。我們就這麼成功說服他們來試我們的點子。」這也是另一個小嘗試。

沙加緬度市電力局成為Opower的第一個客戶，開始向一百一十萬個用戶提供報告，笑臉符號代表屋主屬於節能用戶，皺眉符號代表屋主的耗電量高過鄰居，但耶茲說：「民眾不喜歡這樣。」電力局決定拿掉皺眉符號。這是個小失敗。

明尼蘇達州的聯合電力公司是Opower的另一個早期客戶，其耗電量較高的用戶則會收到印有「表現未達平均」字樣的用電報告，但用戶表示反彈，所以現在用語已改成：「用電量高於鄰居」。

有些小嘗試並不成功，例如Opower針對臉書用戶推出應用程式，試圖激起節能意識，卻並未獲得回響。耶慈說：「那很讓人失望。使用者越來越少，最後我們決定放棄。」

不過整體而言，他們依據消費者行為提出的辦法確實奏效。針對個別用電戶的用電報告使每戶平均減少二%至三%的用電量。對鄰居用電狀況的認知確實有助改變行為。

二〇一三年，耶慈與拉斯奇再度提出新嘗試：他們想減少尖峰用電量。他們與巴爾的摩煤電公司合作，藉簡訊、電子郵件與通訊軟體告知個別用戶如何減少尖峰時間的用電量，例如動手調整自動調溫器、延後洗衣時間，還有延後洗碗機的使用時間等。這項措施在尖峰時間減少五%的家庭用電量。

如今這家公司仍不斷做出小嘗試，與超過九十家合作機構一起替節能做出長足貢獻。拉斯奇在公司於二〇一四年四月上市前夕說：「目前我們公司一年協助用戶省下的電力夠全邁阿密所有家庭使用一整年。自從公司創立以來，總共協助用戶省下五兆瓦的電力，夠新罕布夏州的一百三十萬個家庭用上一年。」

用小風險避掉大失敗

購物網站Gilt的共同創辦人薇爾森說：「與其說你是在失敗，不如說你是在測試。你當然可以把這類測試說成是失敗，但我們認為這是了解、換取及分析資料的方式。有時候測試結果好得嚇人，有時候你從中學得教訓並且心想：『我可以做得更好。』」

創新者以低風險的方式測試點子，迅速獲得領悟，進而判斷某個產品或點子是否可行，這樣既別有助益，而且不太花錢。藉由甘冒小風險，他們避免掉大失敗。

「只有事後來看才會覺得是失敗。」修恩．卡羅蘭說。卡羅蘭是軟體公司Handle的共同創辦人，也是創投公司Menlo的合夥人，創立Handle的目標是改善電子郵件氾濫的問題，他認為種種波折起伏十分「關鍵」，唯有事後回顧才會認為是失敗。創新者會多方測試，分辨可行與不可行的做法。

有用的小嘗試

卡內基美隆大學人機互動研究中心教授史蒂芬．唐恩花費許多工夫研究啟發式試誤法。經過反覆實驗、重新評估與多次分組，他認為多加實驗會有好處，勝過只是一心想把某個概念、產品或點子修到完美。

為了測試這個看法，唐恩與同仁從中學物理課借來一個簡單實驗。他們找兩組受試者進行一場落蛋競賽，受試者的目標是設計一個容器避免雞蛋在落地時摔破，可用材料包括清管棒、冰棒棍、布告板、橡皮筋、泡棉跟衛生紙，設計時間為二十五分鐘，組裝時間為十五分鐘。

然而兩組有一個差異。無樣本組只有一顆雞蛋，供受試者在設計、組裝與測試過程加以利用。有樣本組的每位受試者各有一盒雞蛋，可於設計階段的第五、第十、第十五與第二十五分鐘用來測試，所以他們能測試多種設計。

在將近半小時中，無樣本組的每位受試者花全部心思設計一個容器，力求盡善盡美。有樣本組的每位受試者則設計出一個又一個容器，把材料不斷重新組合，試用各式各樣的設計、手法與點子，不是專心設計好一個容器，而是測試數個容器，改良緩降裝置、懸浮設計、緩衝支架等，並藉由測試的機會檢視效果。

受試者懷著設計階段獲得的想法進入組裝階段。然後測試正式展開：雞蛋的摔落高度會逐次增加，直到摔落為止。結果在設計階段得以實際測試的受試者表現較佳。平均而言，有樣本組的安全落地高度是一百八十三公分，無樣本組的安全落地高度則只有九十九公分。

儘管兩組的材料與時間相同，那些能從錯誤中學習並重新設計的受試者表現較好，得以發現缺失與漏洞，靠多次測試加以改進。此外，他們也從多次組裝練習中別有領悟。相較之下，無樣本組的受試者只能憑空想像自身設計的表現優劣。由此可見，小嘗試有助獲取成功。

設定失敗比例

何種失敗比例是在可接受的範圍？一〇％？二〇％？還是更多？根據我的研究，預先設定失敗比例的創新者多得出奇。他們的目標不是追求完美，而是確保自己冒過夠多風險。他們預期會碰到多次失敗，所以敢於測試，進而找出前進的方向。他們憑宏觀眼光看待失敗，明白即使是大錯也往往具有價值。

創新者對失敗別具創見，非多數人能及。在一場中央情報局分析人員的會議裡，In-Q-Tel創辦人路易尖銳的點出幾個看待失敗的錯誤態度。In-Q-Tel是一間策略創投公司，創立宗旨為扶植國防相關科技公司，協助美國情報單位。路易在會議上向那群分析人員指出，他們大多沒有想清楚自身工作所涉及的風險，有時勇敢大膽，有時卻畏畏縮縮。

路易說：「如果恐怖分子把一枚手榴彈扔進會議室中間，你們每個人都會立刻撲到手榴彈上，靠自己的身體保護其他人。你們每一個都願意為了大家及這個國家犧牲自己的性命。可是如果有人跑進會議室說：『我需要有人做出決策，但如果這個決策做錯了，你的職業生涯也就到此結束了。』這時你們會紛紛落荒而逃。我覺得很奇怪，你們局裡的人願意為上帝和國家犧牲性命，卻不敢拿自己的工作前途開玩笑。」

一位分析員舉手提出打趣的解釋：「如果我撲到手榴彈上並因此喪命，我不必花餘生想著這件事。」

沒錯，失敗令人恐懼，但失敗的真正代價其實不如想像中的可怕。

路易開始解釋這個難題：「你必須改變思維，認為失敗沒有關係，只要不是致命的失敗就好。為了做到這一點，不要只看一件事的成敗，而是從整體來衡量自己的表現。兩者差異不大，但這很重要。」

創新者不怕失敗，而是會設法降低失敗的衝擊。其中一個方法是不看個人失敗，改從宏觀角度衡量大局。舉投資為例，就連股神巴菲特也無法每張股票統統賺錢，頂尖投資者只是比輸家選對更多股票而已。

他們時常擔心自己經歷過太少失敗。eBay創辦人歐米迪亞說：「我們重視一項關鍵指標：你必須經歷過夠多的失敗。自始至末都沒犯錯註定無法成功。」

最佳的失敗比例見仁見智，因公司、產業與文化而異。一般而言，失敗的代價越低，可接受的失敗比例往往越高。珠寶品牌Stella & Dot的創辦人赫琳說：「我在心裡概略訂下一個規則，那就是每三次出手就要失敗一次。這樣才能跟成功互相平衡，長長久久走下去。」赫琳認為不失敗代表衝得不夠猛。

職業社群網站LinkedIn的共同創辦人霍夫曼說：「老實說，如果你完全不想失敗，那你通常也完全不會成功。關鍵在於失敗到一個特定程度時，你知道要停下來。」創新者會設定時間與金錢的停損點，知道何時該謀求改變。

公司成功以後，往往較不容忍風險，eBay這類大企業往往把失敗比例訂得太低。歐米迪亞說：「一旦你成功以後，大家就希望你繼續照著之前讓你成功的那一套來走。不管顧客、員工、主管或董事統統都是這樣。可是在變化迅速的環境中，你必須逼自己不要只是按照原本的那一套做法。」

創新者明白他們該往前突破並測試新點子，即使因此失敗，這也往往仍屬明智之舉。

二〇〇五年，谷歌執行長施密特針對管理工作提出「七〇－二〇－一〇法則」：七〇%的時間花在搜尋與廣告等谷歌的核心事業，二〇%的時間花在谷歌地圖等關乎核心事業的周邊專案，一〇%的時間花在探索全新的點子。這項法則兼顧創新與現有事業。谷歌的工程師能花二〇%的工作時間依個人興趣從事周邊專案，包括谷歌信箱等知名產品都誕生於工程師的自主實驗時間。「我們的目標是比世界上其他人更能善用每分每秒。」施密特說。

對專門支持新創公司的創投基金業者而言，失敗比例可以超過七〇%。每十項投資裡，通常只有一或兩項大獲成功。「我們要找的是能帶來十倍以上回饋的大贏家。」創投公司Menlo合夥人卡羅蘭說：「所以我們鎖定充滿變化的大型市場，這種市場能讓企業迅速一飛衝天。」卡羅蘭在初期即投資個人語音助理Siri，這家公司後來賣給蘋果公司。他也投資私人叫車服務公司Uber，供乘客藉手機應用程式即時叫車。卡羅蘭說：

「有些公司的產品非常好，一用就無法回頭，而這就是我們在找的公司。消費者一用就上癮了，威力實在很強。」不過卡羅蘭也會誤判，拒絕掉日後大獲成功的公司，例如數位筆記公司Evernote、線上音樂服務公司Pandora、房地產情報網站Trulia與房地產數據公司Redfin。

公司會失敗的原因多不勝數，有時是點子誕生得太早。風險投資公司NEA合夥人派屈克・鍾說：「社群網站Friendster先成立，後來臉書才出現。」有時創新者擅長抓住一種客群，但不擅長抓住另一種客群。最近NEA資助供用戶出租閒置地下室與車道的居家空間出租網Storably，但派屈克・鍾指出：「我們試過上千種不同方式，但都不管用，所以我們決定先緩一緩。不過當Storably的兩個創辦人馬上決定另闢戰場，創立影像分析公司Curalate，我們還是資助他們。這一回，他們的客戶包括四百家廠牌，而全美最大的五十家零售商中，就有一半是他們的客戶，這實在是成功極了。」有時內部團隊成員會失去衝勁。提爾說：「我會直接介入處理公司團隊裡的問題。改變商業模式不難，但改變團隊成員很難。」

有時技術與市場是往另一個方向發展。「有些點子一開始顯得石破天驚，結果卻很兩極。」風險投資公司SoftTech VC合夥人查爾斯・哈德森說：「世界可能往左走，也可能往右走，所以公司也跟著超級成功或一敗塗地。」這類產品必須可行，自身團隊必須要贏——這也許乍聽簡單，要同時辦到卻並非易事。風險投資公司Benchmark的合夥人麥特．柯勒說：「不過如果你把兩個創新者擺在一起，他們兩個幾乎完全一樣，差別只在於一個失敗過很多次，另一個比較少失敗，那麼我會選前者。從失敗中學習，你會變得更有價值。」

創新者永遠認為自己不夠好（或不算差），天天經歷高低起伏。為了面對這種局面，他們是從長遠角度看待自己的表現，用宏觀眼光看待失敗，不讓一時勝敗過度影響自己。

一旦我們明白即使「做對」一件事，仍可能在變動不居的世界裡敗下陣來，設定失敗比例就顯得是明智之舉。藉由突破極限以測試自身能力，我們能更加成長茁壯，替未來做好準備。不過，如果我們把失敗比例訂得太高，遭遇太多挫敗，我們也能再把比例調降。失敗比例應可調整，這不僅取決於我們所處的產業與公司，也取決於我們的職涯階段、家庭因素、經濟狀況與健康好壞等。重點在於別把失敗比例設定為零。

抱持信念堅持不懈

馬斯克這樣形容創立公司的感覺：「就像是嚼著玻璃望進深淵。」當時我們待在特斯拉的汽車工廠，輸送帶嘎嘎作響，幾乎掩蓋掉他的說話聲。

對馬斯克而言，二〇一二年是一個轉捩點，但要撐到那時候並不容易。四年前，也就是二〇〇八年，他把所有積蓄投入這家新創立的汽車公司，但金融海嘯爆發，公司前途黯淡無光。可是馬斯克繼續耕耘，甚至跟朋友借錢，一心想打造全電動車。

馬斯克自有想法，跟汽車大城底特律的那群人截然不同。傳統汽車公司選擇量產低價的油電混合車，但馬斯克反其道而行，他替特斯拉構想的第一款電動車Roadster將採較低產量，屬於高性能跑車，簡直媲美法拉利，只需四．四秒即可加速到時速一百公里，卻是不折不扣的電動車，裝設有七千顆微電池——問題在於他要造得出來。

現金逐漸用完，汽車產業專家始終看衰，投資者連忙召開緊急會議：畢竟誰真認為一個靠網路起家的傢伙能在汽車產業闖出名堂？

在會議室裡，馬斯克面對一群反對他的董事，毅然賭下他的最後一分錢，甚至發表承諾：如果特斯拉失敗了，他會把所有的錢悉數退還。他的堅定決心撼動了投資人。創投界的傳奇人物史提夫．裘維森決定出資，他那身兼特斯拉董事的弟弟金巴爾則說他就算燒光資金也絕對會堅持下去。馬斯克就這樣在十二月二十四日募得資金，再遲一天公司就要宣告破產。

「老實說，你必須願意經歷一大堆挫敗，拚得無比認真，承擔超多風險，這過程相當煎熬。」馬斯克說。

特斯拉汽車度過一段漫長且公開的崎嶇艱辛，技術延誤，花費過高，品質也有問題，Roadster的推出時間往後延期，開發成本暴增超過一倍。二〇〇七年，馬斯克發現每輛車光是材料成本就高達十四萬美元，預定售價卻是九萬二千美元，於是他開除當時身兼執行長的特斯拉共同創辦人馬丁・艾博哈德，投入自己的最後一筆積蓄，並親自擔任執行長。

經過五年反覆設計，理想中的Roadster仍無法完成。馬斯克說：「我們原本以為可以採用蓮花跑車Elise車款的底盤，採用電動車廠AC Propulsion的傳動系統，統統七拼八湊在一起，然後大功告成，在市場上可以賣得很好。但這想法錯了，現在回頭去看實在很蠢。」

雖然借用現成技術的想法看似很好，Roadster卻比Elise車款重三〇%。由於空間不夠，技術人員必須加長底盤，重量分配也十分困難。每次撞擊測試都面臨失敗，只好重新修改設計。

馬斯克說：「這就像是你買下一間房子，卻發覺那房子不是你要的樣子。你以為自己可以把房子改造為理想中的模樣，結果最後你卻把一切都拆了，只剩一面牆跟地下室，還不如乾脆整棟拆掉比較省錢。」

二〇〇八年，馬斯克跟供應商談新合約，砍低成本，解雇三成的員工，還關掉底特律的分公司。他尋求另一種賺錢方式，開始投入汽車電池的生產，供應給戴姆勒汽車公司的電動智慧汽車、賓士汽車的A-Class車款，還有豐田汽車的RAV4電動車。他向政府申請借貸擔保，強調不該只有高耗油的大型車能獲得紓困金，美國政府接受他的說法，同意小型電動車公司也該獲得政府協助，並借出四億六千五百萬美元資助特斯拉新一代的S型電動車。

馬斯克說：「如果你是一家公司的創辦人或執行長，你必須做各種不想做的事情，再卑微也要做。如果你不做這些分內的討厭工作，公司就不會成功。無論是什麼事，你都得去做。」一位年輕的特斯拉員工回憶說，有一次生產線上有一輛車的輪胎卡住，工人正不知所措，馬斯克見狀爬上生產線，鑽到車輪下方把問題解決掉。

馬斯克週二到週四待在特斯拉，其他時間待在星際探險公司SpaceX，同時擔任兩家公司的執行長。在他擔任特斯拉執行長的十八個月以後，特斯拉正式推出第一輛車，採用鋰離子電池，每次充電可跑三百二十公里。

特斯拉在二〇一〇年六月上市，成為繼一九五六年福特汽車上市以來，第二家公開發行股票的美國汽車公司。「你不會想買這支股票！你不會想長期租特斯拉的車！你甚至連租這種破車一天都不應該！」財經節目《有錢真好》的主持人克拉默一點也不看好。然而在上市四年以後，特斯拉的股價持續攀升，馬斯克再度讓批評者跌破眼鏡。

二〇一三年，特斯拉的S型電動車榮登「年度風雲車」，是第一部贏得這個頭銜的非燃料引擎汽車。這輛時髦跑車在技術層面令人驚豔，但就汽車產業而言，特斯拉仍是尚在起步的小公司，規模遠不如傳統大廠。

馬斯克帶領特斯拉起死回生，但公司前途並非毫無疑慮。

馬斯克在帶我參觀特斯拉的工廠時說：「我很怕失敗。沒錯，真的很怕。我感受到很強烈的恐懼。」

我眼看一大片又一大片的鋁板經過沖壓、切割再摺疊為S型車的樣子，由大型機器人裝上玻璃，精準安設線路，我難以想像這家公司幾年前仍跌跌撞撞。馬斯克是怎麼堅持過來的呢？

「如果有件事夠重要，或者如果你**相信**有件事夠重要，那麼即使你很害怕，你還是會繼續走下去。」他如此回答。

信念克服一切

如果你自認是在做一件重要的工作，你會比較容易接受挫折。創新者對自己在做的事情充滿熱情，所以能忍受隨之而來的艱難辛苦。

Stella & Dot的創辦人赫琳說：「我在做的事情重要嗎？我能接受失敗嗎？答案絕對是肯定的。我辦這公司要有理由，讓我可以說：『這也許會成，也許會敗，但至少我的羅盤是指著正確方向。』我是為了正確的理由在做這些事嗎？答案必須一直都是：『沒錯。』」赫琳認為她的天職所在就是創立一家好企業，協助女性過得更獨立自主。

「人有旦夕禍福。」節能軟體公司Opower的共同創辦人拉斯奇說。二〇一三年，醫師診斷出拉斯奇的腦中有腫瘤，壓迫到腦神經。腫瘤是良性的，但拉斯奇仍開始重新衡量人生。他說：「我想當個更好的丈夫與更好的兒子。目前我已經是個很好的爸爸了。至於工作嘛，很簡單，我喜歡我的工作。這種感覺滿好的，我無法想像我花時間在做沒意義的事情。」

馬斯克說：「永續能源是個一定要解決的問題。」他在大學寫過論文探討電動車與太陽能的重要性。「論文就在我媽那邊，我可沒瞎掰唷！」他笑著說：「可沒人叫我現在回頭去編故事。」特斯拉能撐到今天，證明馬斯克對這份工作的熱忱。

失敗令人謙虛

有時失敗能令人謙虛，例如串流媒體播放網站Netflex的創辦人里德．哈斯廷斯就深有體會。二〇一一年九月，他在公司官方部落格寫說：「我搞砸了。現在看來，我因為過往的成就變得自大傲慢。」

幾個月前，哈斯廷斯宣布Netflex會分成兩家公司，一家負責DVD電子郵件服務，一家負責線上串流影片服務，兩邊的月費各是七．九九美元。這個形同加價的措施惹火用戶——八十萬名怒火中燒的用戶取消會籍，甚至有人要求他下台，Netflex的生意遭受致命打擊。

二〇一一年十月十日，哈斯廷斯撤回決議，Netflex仍保留DVD電子郵件服務。才不過一年以前，《財富》雜誌把他選為「年度商業人物」，如今媒體上卻批評聲浪四起，連綜藝節目《週六夜現場》都以短劇諷刺他。二〇一一年九月期間，Netflex的股價從三百美元崩跌為五十三美元，市值蒸發超過一百二十億美元。

哈斯廷斯不確定Netflex能否走出困境，但他並未驚慌失措，而是繼續懷抱對串流事業的長程願景，一心向現有用戶提供更好的服務，包括DVD電子郵件服務的用戶在內。

「我們不可能光靠一個點子或示好動作翻轉局勢，一夜之間讓大家重新愛上我們，我們該做的是靠穩健與紀律贏回大家的信任。」他說。

「他拍掉身上的泥土，重新站起來，開始往前跑。」金融服務公司BTIG的媒體分析師格林菲德說：「很少人有辦法做到這樣。」

二〇一二年，Netflex的串流服務用戶增加近一千萬名。二〇一三年，Netflex推出《紙牌屋》與《鐵窗紅顏》等自製影集，目標是向用戶提供更多價值。在同一年裡，Netflex的季營收首次超過十億美元。到二〇一三年年底，Netflex的全球用戶人數超過四千萬，其中三千萬名是串流服務的用戶。儘管DVD電子郵件服務的用戶人數逐漸萎縮，Netflex的總用戶數仍超越HBO。

沒錯，而且……

敗得聰明關乎走過一個一個狀況。創新者會克服失敗，迅速調整因應，即時見招拆招，然後繼續向前。我們多半沒學過如何立刻反應，如何不要過度想著失敗，但創新者懂得立刻關注下一步。

即興喜劇沒有劇本，演員必須面對意外，臨時見招拆招。創新者大致也是這樣面對瞬息萬變的環境，設法實踐著不確定是否可行的新點子。

即興喜劇的首要規則就是說出：「沒錯，而且……」所有演員首先必須接受現實，完完全全的接受現實，所以會先說：「沒錯。」然而他們得把話說下去，劇情才有辦法推展，所以靠「而且」二字帶出後續。「沒錯，而且……」這個台詞來自一無所懼的開放心胸，替接下來的劇情鋪出一條路。

比方說，其中一位演員靠一到兩句話點出某個虛構的情節：「聽說你家的客人昨晚被鎖在門外。」下一個演員把這個情節當作既定事實，回答說：「沒錯！而且她想辦法要進來屋裡，結果被灑水器噴得一身濕。」下一句接著說：「沒錯，而且最後她還從狗門鑽進屋裡。」藉著一句句「沒錯，而且……」，故事情節往前推展，逗得觀眾捧腹大笑。

演員接受各種情節，甚至是不太好的情節，然後設法即興發揮，技巧高明的有辦法立刻接腔，妙語如珠，即使哪一句講得不好笑也無妨，他們不會浪費時間擔心，而是讓故事繼續發展。

這個架構對創新者十分有用。無論是面對整場熱情的觀眾，還是面對渴求新意的市場，這般接受現實並善加運用的本領可謂成功之鑰。無論是矽谷的程式設計師，還是推銷最新體育用品的前任運動員，都該衝勁十足、信心滿滿，以正面態度面對現實，以積極精神見招拆招。

創新者該秉持「沒錯，而且……」的想法，即使點子不無疑慮，也不要藏在心中，不要懼於分享。如果創新者是走在正軌，自然勝券在握；如果不在正軌，也能往前進步。即興喜劇演員與創新者思考迅速，心胸開闊，所以能抱持著自信實行各種點子，明白有些會成功，也明白有些會失敗。

即興揮灑的真正價值在於讓創新者放手去試新點子，但不怕遭遇失敗，而箇中關鍵在於靈敏觀察、迅速思考，還有記取教訓並馬上投入下一個點子。創新者懷抱新點子，明白許多點子不會成功，正如即興喜劇演員妙語如珠的抖出一個又一個笑話，但明白不是所有笑話都能引起哄堂大笑。創新者樂於說出「沒錯，而且……」，始終歡迎嶄新點子。這也是敗得聰明的一種方式。

化挫折為力量

廉價航空 JetBlue 的共同創辦人大衛．尼勒曼，遲至成年才診斷出注意力不足過動症。他兒時在學校過得很苦，遭同學排擠，跟大家格格不入，循傳統的道路無法成功，連大學都中途輟學。這種艱辛開端足以使多數人喪志，但尼勒曼始終不屈不撓的往前奮進。

綜觀尼勒曼的職場生涯，他總共創立三家十分成功的航空公司，每次都是市場先驅，但每次也都跌跌撞撞。他的第一間公司是代訂旅行社，卻在他二十三歲那年以失敗收場，因為他合作的航空公司申請破產。然而他繼續放手一試。九年後，他把自己創辦的廉價航空 Morris Air 賣給西南航空，卻遭當時擔任西南航空執行長的恩師凱勒解雇。他並未放棄，後來與夥伴共同創辦廉價航空 JetBlue 並擔任執行長，但二〇〇七年二月十四日數千名 JetBlue 的乘客受困於大風雪中，整起事件稱為「情人節慘劇」，結果董事會把他趕下台。然而他再度捲土重來，在巴西創辦如今全球成長最迅速的廉價航空 Azul——這個字是葡萄牙文的「藍色」。

尼勒曼說：「我是過動兒，叫我搭飛機簡直要我的命。而且我還清楚記得那一天 JetBlue 副總裁走進辦公室說：『嘿，我拿到佛羅里達一家公司的型錄，他們在替商務噴射機提供電視直播服務。』我聽完以後說：『就是這個！』」尼勒曼天生坐不住，所以能替乘客看見額外機上娛樂的好處。他立刻飛往佛羅里達，跟對方談成合作。

一九九九年，尼勒曼靠募來的一億三千五百萬美元創立JetBlue，目標是「帶人類飛翔旅行」，這是航空業有史以來最大的一筆投資案。他不設頭等艙，讓每位乘客更有空間放腳，還選擇皮製座椅，儘管座椅成本因此多一倍，但使用時限也多一倍。競爭對手選擇波音公司的飛機，他則選擇空中巴士公司的飛機，機身較寬，每個座位更寬一吋，放腳的位置則多三吋。JetBlue標榜絕不超賣機位，這做法也跟同業不同。

尼勒曼的外號是「JetBlue先生」，每星期至少搭一次自己公司的班機，在走道發零食，尋求意見回饋，在班機降落後協助清理機艙，有時幫忙把大件行李送下飛機。此外，他還選擇坐最後一排，表示以乘客至上，而非以執行長至上。這些招數奏效了。JetBlue飛上青天，從第三季即開始獲利，並在二〇〇二年上市。

接著那場二〇〇七年的意外暴風雪襲擊美國東岸，班機不得起飛，但JetBlue仍讓班機在跑道上等候，在紐約甘迺迪機場的班機甚至困在跑道上長達十小時。接下來五天共有一千七百個航班取消，十三萬名乘客受到影響，群情一片激憤，公司的缺失暴露無遺。

尼勒曼設法帶領公司度過危機。他連續三晚各只睡兩小時，在公司的營運中心忙到焦頭爛額，並很快發覺：「我們無法迅速解決問題。」決策中心手忙腳亂，難以調度班機、駕駛與乘客。「事情發生在週四，而我們在週一完全恢復正常，但傷害已經造成。」他說。

JetBlue的商譽受損，「顧客至上」的金字招牌砸了。其他航空公司的班機也困在跑道上一樣久，但消費者對JetBlue有更高的期望。

尼勒曼負起責任，在出事隔天接受二十七家媒體訪問——首先一大早是國家廣播公司的晨間節目《今日秀》，最後是晚上十一點半哥倫比亞廣播公司的夜間節目《深夜秀》。他透過YouTube誠摯道歉，懇請消費者重拾對JetBlue的信心，還推出「消費者權益條款」，發送旅遊券給受影響的乘客，並草擬一個包含二十一個項目的公司營運修訂計畫，承諾要修改訂位系統，把地勤人數調高三倍，並訓練一千三百名後勤員工協助處理惡劣天候造成的緊急狀況。

「我還是被迫下台，但公司迅速恢復，而且我們對顧客做出了正確的處理。」尼勒曼告訴我。三個月以後，董事會貿然把他開除，理由是公司需要一個更能管好營運的執行長。「幾個月前，我當執行長的績效考核分數才創新高耶。」他說。

他不是個會束手就範的人，所以馬上尋求東山再起。「我在二〇〇七年五月離開，但Azul在十二月就開始營運。」他說。他把JetBlue的那一套搬來巴西，誓言打造一家更好的航空公司。對他而言，沒有理由呆坐枯等。

創新者的成功主要來自於有本事重新往前看。尼勒曼說：「我能埋首於其他事情還滿好的，讓我能在巴西做點不賴的事。我也覺得我有一種較勁的心態。我要讓Azul的市值超過JetBlue，打造出一家更好的航空公司，讓那些傢伙知道我們處處都做得比他們好。」

創新者不把精力花在過往的失敗上。他們學得啟示，然後邁步向前。尼勒曼說：「重點不在於你這輩子碰到什麼事情，而是在於你怎麼處理這些事情。你該繼續向前。我在巴西有一萬名員工，今年服務了二千五百萬名巴西的乘客，他們都很感謝JetBlue董事會當年的決定，如果他們有辦法的話，還想寄謝卡過去呢。」

繞過問題，克服缺失

在我的研究期間，一個個創新者表示挫折（例如學習障礙、家庭缺憾、職涯死路或財務困境）有助他們繞過問題，另闢蹊徑。

賽格威雙輪電動車的發明人卡門不曾從大學畢業。「我沒拿到學位，但我不認為我是個無知的人。」卡門說。他剛開始推出賽格威雙輪電動車時，外界認為這是個很丟臉的失敗發明。卡門說：「如果你很想成功做出別人沒做出來的東西，你一定要很會面對失敗。你必須樂於接受失敗，不要讓失敗毀掉你的腦子或心情。只要你有熱忱，就好好努力去做，永遠不要放棄。」

蓋文．紐森是觀光旅遊集團PlumpJack的共同創辦人，也是現任加州副州長，他表示自己在傳統的學習上碰到困難：「我有閱讀障礙，在學校無法有好表現，所以要找出自己的專長——那就是領導企業與投身政界。我對人很有一套。」

無論是這些創新者，還是許許多多的企業家，都把成功歸諸於克服挫折與堅持到底的能力。創新者懂得繞過問題，臨場克服缺失。

史丹佛大學心理教授卡羅．德薇珂的研究指出人能從逆境中成長。她說人對自身能力的心態可以區分為兩類：一類照她的用語是「固定心態」，認為智力與能力是與生俱來，固定不變；另一類是「成長心態」，認為智力與能力可以靠努力來提升，我們能依照熱情與興趣發展個人能力。創新者是採取成長心態。

德薇珂在史丹佛大學的個人辦公室解釋道：「面對一項任務時，固定心態的人會問：『我有辦法立刻上手嗎？』至於成長心態的人則是問：『我能學著把這件事做好嗎？』」固定心態的人過於在意資格，像是學歷、職位、地位與名聲等。由於失敗有損名聲，他們會害怕犯錯，喜歡做能證明個人能力的事情。相較之下，成長心態的人認為失敗是成長的機會，他們不是待在舒適圈，而是往外頭闖蕩冒險，喜歡從事能提升個人能力的挑戰，相信勇於嘗新才能發揮潛能。

德薇珂說心態並非固定不變。一個人的心態取決於他認為以下何者比較重要：是能力，還是努力。德薇珂做過一個大型實驗，在紐約市找四百名五年級學生當作受試者，每名受試者必須回答一組智力測驗，之後研究人員稱讚其中一組的能力：「哇，你答對好多題唷，分數非常高。你一定很聰明，很會答題。」研究人員稱讚另一組時則針對努力程度：「你一定解題目解得很努力。」在下一階段時，受試者能選擇要答簡單或困難的題目，結果能力受稱讚的受試者大多選擇簡單的題目，努力程度受稱讚的受試者則有九〇%是選擇困難的題目。

再下一個階段，受試者拿到更困難的題目，作答狀況自然不如先前。作答完畢後，他們得知自己的表現變差，並需回答感想。先前能力受稱讚的受試者感到信心動搖，不願把題目帶回家繼續解，其中四〇%的受試者甚至謊報分數，把失敗當成最好避免的恥辱。然而先前努力程度受稱讚的受試者表示他們喜歡困難的測驗，他們的表現勝過另一組受試者，還選擇把題目帶回家中繼續思考。

德薇珂的研究顯示我們能從失敗中成長，對努力的稱讚能激發信心，至於對能力的稱讚則有損決心。我們能學著把挫折當作重新開始的契機，當作學習的機會。這是創新者的拿手好戲。他們把錯誤當作成長的機會，而非通往失敗的大門。他們拿先前熬過挫折的經歷提醒自己，設法提升對挫折的承受能力，明白挫折能帶來啟示，進而從缺失中成長。

即使害怕仍值得去做的事情

你正在實現你最棒的點子嗎？如果你的工作突然告終，別人會懷念你的貢獻嗎？

建立一番大事業並非易事，幾乎所有我訪談過的創新者都面臨過艱困黯淡的時刻，直視過自己的恐懼，但仍決心堅持不懈。許多創新者提起自己曾面臨絕境，然後突然克服原本看似絕望的困難，繼續往前邁進。

一九九九年，亞歷山大．阿賽利與拉曼創立科技公司 Aliph，後來更名為 Jawbone，投入抗噪藍芽耳機的研發工作，但遲至二〇〇七年才推出的第一項產品。阿賽利說：「我們經歷彷彿雲霄飛車般上上下下的好幾年，但有一個很基本的想法讓我堅持下去。那就是我明白如果不堅持下去，絕對會由別人做出來，到時候我會懊悔一輩子。」

阿賽利以「核戰引起的寒冬效應」形容 Jawbone 在二〇〇五年與二〇〇六年的困境，當時他們面臨接二連三的問題，遲遲無法推出公司的第一項產品。「我知道接下來幾年也會很難熬，但反正我們就被迫要非常、非常專注。」他說。阿賽利待在中國的一間工廠，測試過數千個耳機的聲音品質，幾個星期都吃炒飯過活。最後，他們終於把首批共一萬個耳機運回美國——雖然他們無法準時支付運費。耳機運抵美國東岸時，倉庫全關了，再過幾天就是聖誕節。巧合的是，阿賽利幾星期前在香港一艘船上遇到某個物流公司的執行長，他傳簡訊懇請對方讓他把產品運到馬里蘭州的倉庫存放，對方回訊說：沒問題。

阿賽利告訴我：「如果你進入『不管怎樣我都要拚下去』的模式，總會有某個事情發生。像施展魔法一樣，事情忽然開始配合起你來。有時只是時候未到而已。」

創新者有本事左轉、右轉或掉頭，如果敗下陣來，就力圖東山再起。失敗可不是一件輕鬆好玩的事情，但多數失敗都並非無法克服。最大的失敗其實是拒絕嘗試。

創新者筆記

- 創新者能誠實面對自己的成功與失敗，並決心從失敗中記取教訓。
- 成年人不會質疑規則，孩童則不受規則束縛。創新者保有赤子之心。
- 創新者預先設定失敗比例，他們並不追求完美，而是確保自己冒過夠多的風險。他們預期碰到多次失敗，所以敢於測試，進而找出前進的方向。
- 創新者有著喜劇演員的臨場反應，他們接受現實，讓故事繼續進行。
- 創新者會自問：你正在實現你最棒的點子嗎？如果你的工作突然告終，別人會懷念你的貢獻嗎？

合作

第五章　合作的創新者

天才不孤僻

我們不喜歡成員之間的差異，因為我們得被迫更加認真用心。我們不太想多花腦筋，付出額外的腦力，但這份辛苦有價值。

哥倫比亞商學院教授 菲莉浦

哈佛大學商學院教授 拉哈尼

有趣的是，跟你的專業領域越不相干，你越可能想出辦法。

學生之間就像是有每秒一百MB的頻寬，大家交流資訊，擴展能力，朝T型人才邁進。

史丹佛校長 軒尼詩

Jawbone共同創辦人拉曼

如果你找出獨特方式把不同領域的人集結在一起，就能讓大家彼此腦力激盪。你能解決大眾原本沒有發現的問題，開發出大眾不能沒有的產品。

以前從來不會有歌劇演員、人類學家、地質學家與物理學家待在同一個團隊。我這輩子致力於讓不同背景的人聚在一起分享點子。

史丹佛設計學院創辦人 凱利

史丹佛設計學院創辦人 凱利

最初的點子要靠自己想，沒人幫得了你。但你把雛型樣本拿出來以後，每個人都能告訴你缺點在哪裡，幫你一再修改精進。

奇異健康醫療總監 迪茲

我找來不同領域的人組成一支團隊，幫助我重現探險故事的魔力。為了從更廣泛的角度來看問題，真正做出一點不同的成果，我必須找更多人加入。

單打獨鬥難以成事，團結合作可成大事。

——海倫．凱勒

二〇一一年十一月，Jawbone推出UP手環。這個寬約半吋的橡皮手環能追蹤健康狀況，是第一個內建電腦的手環，設計宗旨是小巧、美觀，強調功能性。UP手環能偵測睡眠型態，計算步行所消耗的卡路里數，各種功能不勝枚舉，有助配戴者增進健康，而且能融入日常生活的一部分，二十四小時皆可配戴。由於產品吸睛，立刻銷售一空。

然而產品剛發表三星期以後，消費者開始抱怨充電與同步功能有問題，有些人的手環甚至完全當掉。

Jawbone的創辦人阿賽利與拉曼並未把這項產品束之高閣以減少損失，反而積極尋求解決之道。

身為執行長的拉曼在官網承認問題，宣布不問原因一律全額退費。「但我們全心想做好這項商品，所以我們決定讓您可以選擇免費繼續使用。」他寫道。他讓消費者可以選擇退費，並且保留產品，藉此建立商譽與歡迎意見回饋。

接下來，拉曼召開作戰會議，找來技術、製造、行銷、設計、資料分析與消費者服務等方面的專家，設法找出問題，從頭開始設計。他們在牆壁上貼滿一張張流程圖與產品設計圖，標出可能的問題，從各個角度詳加研究。UP手環有眾多功能，因此改良工作格外困難。

接下來的十二個月，他們投入一萬六千小時的研發時間，提出兩百個硬體設計，經歷四十六個星期（共計二百九十萬小時）的使用者實測，只求妥善改良產品，仔細分析所有元件，連內部電容器也不遺漏。二〇一二年十二月，UP手環重新上市，結果大獲成功，一舉超越競爭對手Fitbit與耐吉的Fuelband。

阿賽利與拉曼是怎麼迅速擺脫棘手的難題，帶領公司迎向最大的成功？答案是他們懂得集思廣益。

認知差異

人人有不同思維，從相異角度切入問題，依各種方式處理難題，如果大家通力合作，往往獲得出色成果。創新者正懂得集思廣益，結合眾人之力。

每個人以不同方式組織資訊。心理學家把憑知識解決問題的過程稱為「局部搜尋」，我們會檢視個人經驗，藉此想出解決方法，絕少採取不符過往經驗的做法。文化人類學家則把這種組織資訊的方式稱為「堆疊分類」，表示我們會把腦中資料分門別類，形成個人獨特的資料堆疊。

創新者靠集思廣益克服這種局限。他們找來各路好手，提高認知差異。我們談到差異性時，想到的往往是種族、年齡、性別或社經地位，至於認知差異性則是牽涉腦中的想法：我們如何解讀事情，如何分類資訊，還有如何想像。

第二次世界大戰期間，英國情治單位在布萊切利園建立的著名解碼小組堪稱一個精采例子。為了破解所謂的納粹密碼，同盟國各國派出人才組成團隊，一個個成員來自英國、美國、波蘭與澳洲等國，各懷絕技，秘密聚集於倫敦西北方約八十公里處的布萊切利園，在四十號室展開今日所謂的「駭客馬拉松」，包括語言專家、戰略家、數學家、工程師、解碼員、歷史學家、哲學家、古典學家甚至填字遊戲迷一起群策群力，試圖破解德軍的密碼，掌握其動向，獲取其情報。他們最終解碼成功，助盟軍遏止德軍繼續侵略歐洲與北非，是扭轉戰局的一大功臣。套用邱吉爾的說法，他們如同是「下金蛋的母鵝」。

在布萊切利園裡，團結合作是最高原則：千萬名蒼生因此獲救。如今無論各個層面，團結都日益重要。研究指出管理團隊能藉集思廣益獲得創新突破，一群經驗各異的工程師能有較佳表現，一群想法多元的董事能做出較佳決策。

創新者讓各路好漢齊聚一堂，打破業界規則，採取別出心裁的做法。為了阻撓恐怖分子之間的連繫，數據分析公司 Palantir 的創辦人多方招兵買馬，不僅找來矽谷最頂尖的軟體工程師，也從許多政府情治單位招募分析人員，設法開發一套尖端軟體工具，藉此偵測並破解原先無從了解的情資。為了打造可重複使用的火箭，馬斯克找來美國太空總署的工程師、專攻熱力學的物理學家、航太軟體程式設計師，還有企管人才。卡門創辦研發中心DEKA，找來四百位不同領域的工程師、科學家與醫學專家，開發出賽格威雙輪電動車、藥物連續注射筒和iBOT機動輪椅。

當我們面臨問題之際，我們不知道解答會來自何方。團隊成員之間的經驗、教育、性格等差異有助從不同角度想出解決方案。

即使最絕頂聰明的人士仍仰賴團隊合作。諾貝爾獎近年往往頒給研究團隊而非單一科學家。比方說，從二〇〇四年到二〇一三年總共有十屆諾貝爾化學家得主出爐，其中七屆是頒給二位或三位化學家，十年間共誕生二十三位得主，至於一九〇一年到一九一〇年則每屆都是頒給單一得主。有些評論家認為諾貝爾獎應取消每屆至多三人獲獎的限制，例如二〇一一年的諾貝爾物理獎是頒給三位天文學家，但他們三位分別隸屬於兩支同樣發現宇宙膨脹速度正在加快的研究團隊，這個結論其實是數百位專家齊心協力的成果。「如果歐洲核子研究組織提出某個發現，但總共是有三千名人員參與其中，那我們該怎麼辦？」諾貝爾獎物理委員會秘書拉斯．柏格斯壯說。

天才單打獨鬥的時代正在結束。如今單一議題牽涉甚廣，單憑一己之力難以解決，也無從整合運用所有資料。無論創新者是投入科技業、有機食品業或時尚產業都有賴團隊合作，讓大家有機會集思廣益，增加認知差異，以創新方式解決問題，而方法是創造交流空間、建立快閃團隊、舉辦獎金競賽與善用遊戲。

創造交流空間

「如果你找出獨特方式把不同領域的人集結在一起，就能讓大家彼此腦力激盪。」拉曼說：「你能解決大眾原本沒有發現的問題，開發出大眾不能沒有的產品。」

阿賽利與拉曼在一九九九年創立一家人工智慧軟體公司，但之後改變方向，改為開發抗噪軟體與抗噪耳機。「我們不是學訊號處理的，但我們找來對的專家，而且知道該怎麼結合眾人之力。」拉曼說。他們在短短三年以內推出藍芽耳機，該產品成為手機音訊處理方面的最大創新突破。二〇一一年，他們推出結合音訊科技與智慧型手機音樂播放軟體的藍芽喇叭JAMBOX，徹底改變相關產品的面貌。他們對UP手環則有另一個目標：一款能帶著走的隨身健康追蹤裝置，而且外觀並非只有科技迷會愛。這類容易使用且複雜美觀的產品必須結合軟體與硬體，因此公司內部要有交流空間，供大家互相腦力激盪。

「蘋果公司站在時代的最前端，我們就在他們後面。」拉曼在舊金山迪賽區的Jawbone總部跟我說：「結合設計與技術並不容易，不僅非常花錢，而且相當耗時。」

技術人員不太會想到多次推出產品，往往選擇昂貴材料，想花數年只開發一項產品，在推出以前把產品做到盡善盡美。相較之下，設計人員會先讓產品上市，觀察市場反應，迅速改良修正。Jawbone 十分著重設計，找來設計公司 Fuseproject 的創辦人耶夫斯・比哈擔任創意總監，他與團隊致力於設計出美觀、直觀且容易上手的產品。「我們花好大一番工夫讓大家檢視每個產品的所有細節，找出不順的地方，然後想辦法解決問題。」拉曼說。

Jawbone 的產品結合精致硬體與易用設計，這般軟硬體兼擅的科技公司簡直寥寥可數——就新創公司而言更是鳳毛麟角。然而 Jawbone 大獲成功。

UP手環內建精細的動作感應器，能憑細微動作判斷睡眠型態，在最佳時間藉震動喚醒配戴者。UP手環還能計算運動強度，藉掃描食品的條碼以記錄飲食狀況，從資料庫下載營養資訊，甚至提供蘋果iOS介面的健康追蹤報告，供配戴者跟朋友比較彼此的健康目標與實行成果。

這類穿戴式電子產品牽涉高度複雜的設計與技術，設計者還得通盤考量消費者的使用體驗。消費者知道手機摔到地上可能受損，卻認為電子手環能承受大力撞擊。阿賽利說：「我們設計出一條有彈性的橡皮手環，一整圈都是內建的長型電腦裝置，先前沒有人做過這種東西。不過我們低估配戴者扭轉手環的激烈程度，也沒想到配戴者會戴著手環洗碗，熱水與洗碗精湊在一起，足以損害橡皮表面與內部元件。」

UP手環在推出以前經過極高強度的測試，但他們依然低估配戴者的使用強度：孩童跟父母玩時拉扯手環，配戴者半夜上酒吧時把傑克丹尼爾威士忌灑上手環，而且雖然電路稍有損壞仍能充電，但有人戴著手環洗頭，溫水與洗髮精滲進表面的防水層，手環終究報銷。

為了解決這個問題，他們採取一個特殊措施，並自稱這是一場所能想像最大的人誌學實驗。阿賽利說：「我們靠眾多消費者給予真誠的意見。我們有一群消費者願意試用這個稍不完美的產品，協助我們做好改善工作。」這種使用者實測共計將近三百萬小時。所有公司都會測試產品，但Jawbone邀大批使用者通力合作提供意見回饋，最後設計出絕佳產品。

他們藉保護層包覆內部電路，重組電子元件以提高可彎曲度，重新處理手環表面以避免破裂與摩擦衣物，提高手機相容應用程式的功能。他們這個例子反映群策群力的價值。

「有Massive Health跟Visere這兩家公司的人才加入以後，我們就能開發簡單美觀的軟體，做出世界上最棒的軟硬體暨資料整合平台。」拉曼在Jawbone併購這兩家軟體公司以求提升飲食與健康追蹤技術時說。二〇一三年，Jawbone更進一步併購BodyMedia——這家公司靠身體感應資料點追蹤健康狀況，並與醫院合作提供醫療檢驗。「我們建立起一支在多重感應器領域堪稱世界級的團隊。」拉曼說。

拉曼說：「這將是電腦的未來。電腦從跟桌子一樣大，變成能擺進包包，然後是擺進口袋，現在則戴在手腕上，之後還會有感應器把你的體溫高低告訴自動調溫器。」在我們會面完不久，Jawbone宣布跟智慧型家電製造商Nest展開合作，把旗下的裝置連上自動調溫器。

科技日新月異，但推動科技的方式始終不變，那就是：集思廣益。

史丹佛設計學院：跨學門的創新

創新者明白未來的工作模式是集結跨領域的人才，善用各種科技平台。他們設計實際與虛擬的交流空間，供大家交流想法。

史丹佛設計學院正是以極端的合作方式聞名。「以前從來不會有歌劇演員、人類學家、地質學家與物理學家待在同一個團隊。」史丹佛大學設計學院共同創辦人暨設計公司IDEO共同創辦人凱利說。

史丹佛設計學院是個「跨學院中心」，供各種學生從事跨學門的創新活動，即使不授予學位，所開課程仍迅速額滿。這個學院是學界異數，講求靠群策群力解決問題。

凱利告訴我：「我們重視團隊合作。妳會注意到四周每個垂直的表面都能寫東西。」他指著歡迎大家貢獻點子的白板，上頭已寫得一片亂七八糟。他也描述學生如何蒐集資料，設計數個雛型，找出管用的做法，然後重新開始下一輪的設計。凱利說：「像這樣團隊合作時，你必須要雙手並用，因為你要同時讓三或四個人看你的做法。如果你碰巧必須獨立作業，你會有一張桌子，但如果你要跟另外三個人談就無法窩在桌子前面，那樣行不通。」

設計學院裡的每樣設備都有輪子，還能在約十五分鐘內重新組裝。白板能圍成獨立空間，供小組成員分享想法。牆壁並未固定，能搭配支架與活板依特定需求圍出討論室。在兩小時的課堂中，教室空間能自行更動，配合教課、專案、報告、會談與設計等用途。這種可變式空間有助刺激意見交流。

學生在我面前畫著圖表，把彩色便利貼從不同牆面貼來黏去。在模擬實驗室裡，工程師、商學院學生、詩人與醫生一起設法改善機場安檢的流程，正在黏貼與拼裝瓦楞紙板。其他小組正在設計商品。這個場面概略反映「設計思考」的一般過程，重點在於靠團隊合作與意見回饋找出解決方案。

「我這輩子致力於讓不同背景的人聚在一起分享點子。」凱利說。他坐在一張高腳凳上，四周是保麗龍樣品、一疊疊綠椅，還有一張鮮紅沙發。

凱利長得有些喜感，留著濃黑鬍子，戴著黑框眼鏡。他打扮低調，通常穿牛仔褲跟法藍絨襯衫，搭配繫著彩色鞋帶的深色網球鞋，乍看像是怪裡怪氣的教授，不像是全球首屈一指的產品設計師。

凱利成長於俄亥俄州的代頓市，家裡在做輪胎，跟設計領域八竿子打不著關係，但他憑自己摸索。他「改良」家中的洗衣機，雖然那部機器從此壞了。他把鋼琴拆開：他母親至今仍會拿鋼琴零件給他看，盼望他能找到方法組裝回去。他接受的是工程訓練，任職過波音公司，負責分析客機的照明系統，後來則替國家收銀機公司設計電路板。

一九七八年，他跟狄恩．哈維在加州帕羅奧圖市租下一間月租金九十美元的辦公室，就在一家服飾店的樓上，兩人創立一家新公司，日後替耐吉公司設計面罩式太陽眼鏡，替電影《威鯨闖天關》設計機械鯨魚，替兒童設計釣竿，至於最創新的設計則是蘋果電腦最初的滑鼠。如今這家設計公司的名稱是IDEO。

凱利設計過許多作品，明白找人協助有多重要。他說：「最初的點子要靠自己想，沒人幫得了你。但你把雛型樣本拿出來以後，每個人都能告訴你缺點在哪裡，幫你一再修改精進。」在史丹佛設計學院裡，學生把點子做成樣本，讓別人盡量提供建議。為了呈現點子，他們用紙板拼接成雛型，演出介紹短劇，或拍攝介紹短片，重點不是最初的點子，而是有辦法跟各路好漢腦力激盪。

凱利告訴我：「你不必什麼都做出來。只要做出最難以置信的部分就好。比如說，我想做出一部機器，它能在地上移動到你面前，然後讓你飄浮在空中。這時我不必呈現在地上移動的部分，只需要呈現怎麼讓人飄浮的部分，想辦法證明出來。」創新者靠提出雛型獲得各方的意見回饋，對象包括喜歡或討厭這點子的潛在使用者、相關專家，還有會拿來試做與改良的新手。

創新者相信人人都能提供建議，雖然技術人員的看法很重要，但社會學家的看法也很重要，任何意見都該尊重，廣納建言實屬必要。

凱利說：「有時洞見來自不同文化。在日本，到哪裡都是把車子停上停車塔，加油站的油槍則要從頭頂上往下拉，但我們才不會這樣，我們就只是把車子停在路邊！我可不會想到那些往上發展的點子。」他揮動雙臂，彷佛從上空把油槍拉下來：「可是日本人就想得到！」

照凱利的講法，為了激發各種意見交流，他們學院「試著讓教授與學生的地位變得更平等。」每門課由三位教授共同負責，來自全史丹佛七個學院的研究生齊聚一堂，大家密切交流，彼此平等相看。

我提了問題：在尋求解決方案時，創意會天馬行空不受限制，你心中並沒有特定答案，那你要怎麼引導討論呢？設計學院共同創辦人暨全球總監喬治．坎貝爾回答：「空間會影響創意。」坎貝爾形容說創意如同音樂，在合適場所才能引起最大的迴響。比方說，葛利果聖歌在體育館裡格格不入，嘻哈音樂在教堂裡很不搭調，但酒吧跟藍調樂團與獨立搖滾樂團則很適合。憑空間設計引導創意也適用相同邏輯。

空間設計能激發不同的反應。史丹佛設計學院力圖鼓勵學生起身發表意見與測試想法。坎貝爾說：「我們故意讓椅子坐起來不太舒服。我們不希望學生黏在椅子上。」這跟一般企業從一九六八年辦公室隔板問世以來的做法完全相反。

坎貝爾說：「如果環境『不太好』，大家反而過得好。如果環境太好，大家會放不太開，不肯放手做點改變。」史丹佛設計學院創立於校園裡的一輛拖車上，前六年總共搬遷三次，這讓學院創辦人明白變動的環境能鼓勵「從做中學」的心態。

有效集思廣益的一個要訣是訂好程序。團隊合作需留意眾人的動態，如果第一個組員想多找些選擇方案，第二個組員想替意見回饋排出好壞順序，第三個組員想把重點擺回團隊本身，第四個組員想逼大家早點下決定，團隊最忌諱四分五裂。團隊任務應按時間順序明確訂立，這樣有助大家齊心協力：「現在我們要多想些選擇方案，接下來動手實驗，最後做出決定。」團隊成員在各段時間發揮不同強項，而非指定同一位組長從頭領導到尾。

讀報應用程式Pulse：祖父母也受用

史丹佛設計學院催生許多蓬勃發展的公司。二〇一〇年，電機所研究生阿克夏．柯塔里與資工所研究生安奇特．古普塔在課堂上合作開發一款新聞閱讀器。他們原先苦惱於新聞怎麼也讀不完，並目睹別人的窘境：「他們慌慌張張的用著谷歌閱讀器，上頭的一大堆訊息彷彿在說：『從你上次登出以來，你總共漏看了一千則新聞。』」柯塔里說。在那門課的十個星期裡，他們著手設計一款iPad應用程式，目標是讓使用者輕易看見最新的頭條新聞，閱讀起來順暢直觀。

柯塔里與古普塔都很內向，還形容自己是科技宅，兩人每天早上九點到帕羅奧圖市的咖啡館開發這個應用程式，並找其他顧客試用幾個早期版本。當時iPad才剛上市，他們就靠這個新奇玩意兒吸引試用者，獲取寶貴建議，了解哪些地方用起來不順，觀察試用者為什麼找不到想找的新聞，為什麼很難把某篇新聞關掉，為什麼他們切換到另一則頭條時不夠順手。他們每天做出數百個小修正，調整按鍵、顏色與呈現方式，一邊持續改良，一邊繼續請咖啡館顧客指出缺失。「在那短短兩個星期，剛開始試用者是說：『這看起來好遜。』後來變成是說：『你們是事先把這個APP灌進iPad嗎？』」柯塔里說。後來他們推出新聞閱讀器Pulse，整合《華爾街日報》《赫芬頓郵報》、ESBN、BBC與《時代雜誌》等。

幾個星期以後，賈伯斯出乎意料的在蘋果公司全球軟體開發者年會公開稱讚這個應用程式。從那之後，共計三千多萬名使用者下載Pulse。由於柯塔里與古普塔有辦法跟咖啡館顧客集思廣益，他們設計的應用程式很切合使用者的需求。柯塔里告訴我：「我們能有這個機會實在很幸運。很高興我設計的東西能給印度的祖父母使用。他們原本從來沒用過電腦，現在卻能靠iPad每天讀當地新聞與國際新聞。」二〇一三年，柯塔里與古普塔把Pulse以九億美元賣給職業社群網站LinkedIn。

奇異健康醫療：小孩不怕醫院了

道格．迪茲是奇異公司健康醫療事業群核磁共振機部門的總監，他也在史丹佛設計學院見識到集思廣益的力量，只不過他是上給企業主管的課程。迪茲在奇異公司負責開發斷層掃描設備，贏得不少獎項，他有一次造訪醫院查看自己所開發設備的實際操作狀況，遇到一個七歲小女孩由焦慮的雙親陪同赴診，當他們一家人繞過轉角以後，那個小女孩一看到核磁共振機就哭嚎尖叫。

迪茲赫然明白他這幾年開發斷層掃描設備時從來沒問過：「小朋友照斷層掃描時會有什麼感覺？」他沮喪的開車回家。「我當時覺得自己辜負了這份工作。」他跟我坦承。他開發的斷層掃描設備功能優異，但受惠的不該只是技術人員與醫生而已，他有必要為病人著想，尤其是為年幼患者著想，畢竟躺在機器裡面的是他們。

迪茲從密爾瓦基的貝蒂兒童博物館找來兒童專家，從匹茲堡大學醫學中心附設兒童醫院找來兒童醫療輔導師，再加上護士、技術人員、放射線研究員、當地幼稚園的主任，還有奇異公司的工程師與工業設計人員，集眾人之力設法改善兒童的使用感受。他聽小孩子訴說他們想參加營隊，穿得像是戰士，乘坐太空船飛往宇宙。他發覺他的職責不只是設計斷層掃描設備，還要讓檢測過程如同一場探險。

迪茲說：「我找來不同領域的人組成一支團隊，幫助我了解重現探險故事的一點魔力。為了從更廣泛的角度來看這個問題，真正做出一點不同的成果，我必須找更多人加入。」

他在核磁共振機表面加上五彩繽紛的圖案，讓接受檢查如同參加太空旅行或叢林探險，整間掃描室也一併造景，並播放兒童喜歡的音樂。兒童在接受檢查之前會拿到一個背包，裡面放著一本有關參加夏令營的卡通故事書，至於迎接他們的不是醫護人員而是「夏令營服務員」。迪茲設計出九個不同的主題，全部如同探險之旅。

如果是用奇異公司一般的核磁共振機進行檢查，八〇%的兒童必須施打鎮靜劑，包括迪茲遇到的那個小女孩在內。如果是用迪茲重新設計的核磁共振機進行檢查，必須施打鎮靜劑的兒童比例幾近於零，病患滿意度提高九〇%，檢查效率增加七〇%，父母、兒童與醫護人員得以好好處理重大的健康問題，壓力更少，成效更好，迪茲甚至不經意的聽到一個小女生跟她母親說：「我們明天可以再來這邊嗎？」集思廣益很有效。

有回報的辛苦

我們明白不同文化、性別與專業背景的人能貢獻獨特觀點，有助找出解決之道。如果有一位人類學家加入程式設計師的團隊，或是有一位華人加入北歐人的團隊，我們會預期那位特殊成員能提供另類想法，但跟「不同」成員共事還有另一個違反直覺的好處，那就是我們自己的表現也往往因此提升。在成員身分多元的環境中，我們往往預期會聽到獨特見解，因此我們也更積極提出自己的獨特看法。「我們不是彼此的複製人。」哥倫比亞商學院的領導管理學暨倫理學教授凱薩琳，菲莉浦說：「我們都有不同的見解，而高異質性的團體有助激發出不同看法。」

菲莉浦的研究指出，如果團體成員彼此差異較大，我們會更留意別人提出的看法，樂於重新檢視自己的觀點，也更有辦法解決任務。集思廣益有助我們揚棄固有思維，以嶄新眼光靈活看待事物。突破性創見不只來自團隊中的「新」成員或「特殊」成員，也來自從不同觀點看問題並樂於發表的舊成員或一般成員。

如果所有成員彼此相仿，我們通常不太會提出異議，與其跟別人唱反調，不如大家一團和氣。心理學研究指出，這是一種尋求歸屬感的心態，我們往往希望受跟自己相似的人喜愛。然而如果成員各異，大家會需要解釋自己同意或反對他人意見的理由，這或許令人不太自在，卻能逼我們把問題解決。

菲莉浦欲探討成員異質性的影響程度，在西北大學找來二百二十四位分屬四個女子社團的成員參與實驗，請她們解決一樁虛構的謀殺案。每位受試者拿到警探盤問數名嫌犯的資料，從中選出一位真凶。為了凸顯身分差異，實驗地點懸掛大布條，同社團的受試者坐在一起，身上別著社團的牌子。

每位受試者花二十分鐘獨自推理，概略寫下論點。接下來，所有受試者根據所屬社團與所選嫌犯分成三人一組，每組有二十分鐘交換意見並選定一位嫌犯。五分鐘過後，第四位成員加入小組討論，有些組的新舊成員屬於相同社團，有些組的新舊成員則屬於不同社團。

跟所有成員屬於相同社團的組別相比，新成員屬於不同社團的組別對最終選擇較沒自信，而且自稱討論得較沒效率，但他們的判斷更佳。個人獨自推理出真凶的比例為四四%，所有成員屬於相同社團的組別的猜對率為五四%，新成員屬於不同社團的組別的猜對率則為七五%，儘管他們討論時不太自在。

「辛苦有回報。」菲莉浦說。雖然高同質性的組別討論得比較自在，卻受意見相近所累，對判斷也過度自信。相較之下，高異質性的組別討論得不太自在，卻充分比對不同意見，心思更專注，判斷更準確，即使新成員跟一位或多位舊成員抱持相同看法，他們也會想探究為何「不同」的成員竟然見解雷同，從而討論得更加專注。

團隊中的異質性確實往往造成不自在。菲莉浦說：「我們不喜歡這種成員之間的差異，因為我們得被迫更加認真用心。我們不太想多花腦筋，付出額外的腦力，但這份辛苦有價值。」

集思廣益能打破同質性。藉由跟各種觀點的人切磋討論，創新者擺脫舊思維，提出新洞見。

假如我們預期要跟「與我們不同」的對象討論，我們會準備得更加充分。在菲莉浦跟同仁所做的另一項實驗中，受試者先回答自己的政黨傾向，然後拿到類似的虛構謀殺案資料，等他們都選定真凶以後，研究人員把不同看法的受試者兩兩湊成一組，並告知他們與對方的政黨傾向異同，有些組別為相同傾向，有些組別則為相異傾向。為了凸顯身分的異同，研究人員請他們別上政黨的牌子，紅色牌子代表共和黨，藍色牌子代表民主黨。

在雙方展開討論之前，他們必須先寫下自己的論點，供研究人員依據長度、用詞、完整度與縝密度加以評分，結果那些知道對方跟自己政黨傾向不同的受試者得分較高，論述較有力，觀點周延全面。

菲莉浦的研究指出，如果我們預期要跟觀點不同的對象討論，我們會檢視自身論點，妥善準備，設法提升表現。這種互動較費工夫，但正如菲莉浦所言：「如果你想肌肉大一點，你得上健身房。你得吃點苦。」

然而創新者其實不必時常集思廣益，而是依照專案找不同人員短期交流，藉由迅速建立「快閃團隊」解決特定問題，處理緊急狀況。

建立快閃團隊

「哇，這次嚴重了。」非營利組織InSTEDD的創辦人暨執行長拉艾瑞克．斯姆森傳簡訊給尼可．迪．塔達。身在阿根廷首都布宜諾斯艾利斯的塔達回訊說：「我在路上了。」吉斯力．歐拉森靠救難通訊平台「聯合國虛擬現場行動協調中心」傳送一組衛星電話號碼與簡訊：「我四點二十七分會到。」

歐拉森平時任職於微軟，但也是救災志工。二〇一〇年海地發生大地震，他從冰島首都雷克雅維克搭機前往災區，負責追蹤求救信號並帶領冰島救難隊。

我在研究期間一再看到這種群策群力的例子，並稱他們為「快閃團隊」。由於科技進步，快閃團隊成為一種集思廣益的新方式，用來處理各種難題。快閃團隊能迅速集結，著手開工，隨後解散。

拉斯姆森當過海軍軍醫，他在這個芮氏規模七．〇的強震發生不到五分鐘就接獲消息，立刻研判救災任務將十分嚴峻。七分鐘以後，他與全球七十五位初期應變人員完成連繫。災後十二小時內，整支快閃團隊集結於海地首都太子港，協助翻譯，搜索受困民眾，設法加以搶救。

拉斯姆森跟一位英國南極調查局的科學人員聯手建立應變中心，把收到的求救簡訊從海地的克里奧爾文譯為法文或英文，藉谷歌地圖鎖定位置，分派救難隊出動搶救。當地民眾急欲得知心愛親友的消息，導致救難中心的網路過載，於是InSTEDD與其他快閃團隊臨時架起通訊設備，共計接收並處理九萬則當地災民的簡訊。

拉斯姆森說：「一位聯合國人員被困在倒塌的雜貨店裡。我們收到求救簡訊，追蹤回去，大概在簡訊送出的兩個半小時以後，搜救小組就抵達現場。這就是我們的效率。」

拉斯姆森的海地救難小組與類似團隊是由各路好漢組成，各自的背景截然不同，包括美國紅十字會、塔夫茨大學、谷歌地圖部門與冰島救難隊等。這些團隊拯救了數百條人命。快閃團隊面臨的災難初期應變與搜救任務必然十萬火急，至於創新者也有必要以這種態度依專案迅速組成團隊，抓住市場機會。

在電影產業中，各方人士短期共事可謂稀鬆平常：演員、編劇、攝影師與導演長年採取這種合作模式。顧問公司多半處理目標導向的短期專案，法律事務所內部依案件分組，投資銀行內部依案子組成併購或收購小組，醫生、護士、社工與技術人員按照個別病患有不同的搭配組合。

有賴科技的協助，創新者能一貫依照不同專案集結或解散團隊。各種專家善用行動技術與網路平台等連絡工具臨時集結，抱持共同的關懷，通力合作解決問題。

根據我在研究過程的種種所見，快閃團隊是一種未來的工作模式。根據二〇〇五年的政府統計數據，高達三分之一的美國就業人口（約四千二百萬人）並非從事傳統形式的工作。「工作變得越來越分歧與短期。」自由職業工會創辦人莎拉．霍蘿威茨說：「這像是一齣很盛大的戲，牽涉很多演員、情節與人物。想像一下──如果我是個網頁開發者，我必須找文案撰寫人、會計人員、律師……等。」自由職業工會旨在協助這類獨立工作者。

創新者依專案需求迅速集結各地的專業人士。二〇一三年十二月，供自由工作者尋找短期專案工作的外包工作網站oDesk與Elance合併，會員人數達到八百萬，年度交易金額將近七億五千萬美元。這個數字顯得驚人，但據人力派遣顧問公司估計，二〇一三年全球人力派遣市場規模為四千二百二十億美元，相較之下七十五億美元不過僅占一．七％。

同類網站Freelancer.com有近一千三百萬會員。一群哈佛商學院學生在二〇一四年創立的HourlyNerd則供商管碩士生接小企業的專案工作。「HourlyNerd剛好能滿足每個企業都面臨的需求。」在早期即投資該網站的科技創業家馬克．庫班說：「我很榮幸能參與這家公司，而且想讓我旗下的所有公司多加善用他們的服務。」有賴科技串起全球，快閃團隊正在逐漸定義各種工作的面貌。

營養午餐Revolution Foods：讓史上最難纏消費者也服氣

托碧與芮琪蒙靠快閃團隊迎合一群世界上數一數二難纏的消費者：美國的兒童。二〇〇六年，她們創立食品公司Revolution Foods，提供營養健康的午餐給加州奧克蘭市數百名孩童。她們認為美國各個學校的一大問題是餐食品質低落，位於低收入社區的學校尤其如此。根據托碧的說法，她們想到的解決之道是：「靠企業的力量解決這個公眾的問題。」如今Revolution Foods每星期提供超過一百萬份餐食給一千多所學校的學童。

「但你不能直接端著健康的餐點到小朋友面前期望他們馬上接受。」托碧說。為了達到目標，她們做過上千次嘗試——比方說，如何讓孩童喜歡未經油炸的雞翅？托碧與芮琪蒙每天收到報告，了解孩童對各種餐食的接受程度，例如最近推出的花菜不受喜愛，奶油瓜泥卻出奇討喜。「每天都有幾十萬名學童用我們的餐點，所以我們一直都在學習。」托碧說。

難題不只來自孩童，餐食還得符合「國家學校午餐計畫」的營養標準，每份價格低於三元美金以達到聯邦補助標準。「我們設計的每份餐點都要考量孩童的接受度、可行性、營養成分、價位，還有各種建議。」芮琪蒙說。為了符合所需，他們請各種專家合力設計每一份餐點。

比方說，她們想供應健康美味的肉丸，於是設法建立一支快閃團隊，成員包括地方供應商、廚師、食品業者、營養師、業務規畫人員、地方學校的行政人員，還有全國性供應商，確保肉丸本身營養健康，烹調過後美味可口。傳統的肉丸是選用豬肉或牛肉，往往含有太高的脂肪與鹽分，因此營養師會詢問廚師：「你試過把食材換成這個嗎？」地方供應商討論價錢，全國性供應商則從食材供應量著眼，思考一個月內生產一百萬顆肉丸是否可行。

托碧告訴我：「我們一起思考該怎麼做出小朋友會喜歡的營養餐點，但不要用太多糖、鹽跟油，減少脂肪含量。我們的肉丸其實主要是用火雞肉，這些肉瘦得多，但風味跟傳統肉丸相差不大。」

她們推出肉丸義大利麵與肉丸三明治，結果學生踴躍排隊索取。此外，她們還靠快閃團隊想出另一個更令人驚豔的餐點：便宜、營養又好吃的熱狗，小朋友吃得讚不絕口。

托碧與芮琪蒙盡量採用當地供應的當季食材，時常得開發新菜單，幾乎勢必要仰賴快閃團隊的協助——因此Revolution Foods在全美成立七家靠近當地市場的餐點研發中心。芮琪蒙說：「一般來說，買包裝好的現成東西比較便宜。可是我們則靠採買基本食材省下一大筆錢。」

該怎麼不用油炸與包裝食物滿足數十萬學童的胃？身為人母的托碧與芮琪靠籌組快閃團隊回答這個問題。包括美國第一夫人蜜雪兒．歐巴馬與名廚奧立佛等名人都想解決兒童肥胖的問題，而這兩個營利事業的創辦人正站在最前線，貢獻一己之力。

新舊成員的腦力激盪

各個成員需迅速攜手合作，才能憑集思廣益達成目標。創新者不該只是隨便建立快閃團隊，還要時時留意團隊狀況，且往往同時跟新舊成員一起合作。

西北大學社會學家布萊恩．烏濟廣泛研究創意與合作，探討跨界合作如何促進成功，他說：「我們發現最好的做法是有些核心成員一起共事過數個專案，其餘新成員則來來去去。」

如果團隊成員缺乏共事經驗，溝通起來會不順暢，畢竟共事經驗能帶來互信，增進了解，進而提升溝通效率。然而如果團隊成員彼此太過熟悉，往往難以提出新鮮點子，不如有新成員的團隊。最佳做法介乎中間：團隊中既有舊成員，也有新成員。

烏濟說：「音樂劇天王羅傑斯與漢默斯坦創作音樂劇時，會一直更動團隊成員。這對大名鼎鼎的雙人組合對彼此的做法知之甚詳，溝通毫無障礙，但也需要新成員帶來新火花，激發創意與靈感。」烏濟研究一八七七年到一九九〇年共計二千二百五十齣團隊創作的百老匯音樂劇，多數團隊是由六位自由工作者組成，包括作曲、作詞、編劇、編舞、導演與製作人，合作方式則不盡相同：比方說，《歌舞線上》是先由編舞家麥可・班內特編出一組舞蹈，再由作曲家馬文・哈姆利奇添上音樂，其他人再陸續加入；《金牌製作人》則是先有編劇家梅爾・布魯克斯的劇本。團隊可謂各式各樣，但最成功的團隊是由幾個好搭檔加上幾個新成員，大家一起腦力激盪，拿出創意解決問題，各種意見你來我往。烏濟的研究指出，這種新舊成員一起共事的模式不僅在文藝界與娛樂圈十分重要，在社會心理學、經濟學、生態學與天文學等各種研究領域也很重要。

快閃團隊是藉由共同的問題或目標激起熱忱，收集思廣益之效，至於獎金競賽則是藉由令人興奮的勝利欲望達到相同效果。

獎金競賽

你該怎麼請人大海撈針呢？答案是提供對的獎勵。獎勵往往能激勵他人面對難題。獎金競賽從以前就有。探險家林白相中奧特洛獎的二萬五千美元獎金，從紐約飛往巴黎，成為歷史上首位成功完成單人不著陸飛越大西洋的英雄。包括滅火器、罐頭與乳瑪琳都是由獎金催生的發明。然而，網際網路與行動技術這樣集結眾人的有力工具以前倒是沒有。

比方說，賓漢姆創立網路公司InnoCentive，目標是提供獎金給提出科學發明的人，舉凡禮來藥廠、萊富生技公司、羅氏藥廠美國分公司跟《科學新時代》月刊都透過InnoCentive提供獎金，吸引超過二十五萬名有志之士，包括科研人員、學術界人士、技術人員、醫師等，其中約有六〇%的人具備碩博士學位，若就國籍而言，超過四〇%是來自巴西、印度、中國與俄羅斯，三〇%來自美國，其餘則來自全球超過一百五十個國家。

賓漢姆相信他口中的一個概念，那就是「多方分頭探索」：找眾人思考同一個科學問題，再把他們提出的各種點子加以比對與衡量。他主修有機化學，在研究所發覺大家會對同一個問題提出不同點子。他記得某堂課的教授邀請全班解一道複雜的化學難題，他在壓力下想起兒時母親碗櫥裡擺的化學用品，開始著手實作。他說：「沒有人想到塔塔粉，我解決了那個問題。」他們全班有二十五位學生，總共提出二十五種解法。

二〇〇一年，賓漢姆在禮來藥廠擔任研究員，發覺愛滋疫苗的研發人員簡直都在自顧自閉門造車，各藥廠之間並無合作。他覺得研發人員應集思廣益才行，於是向公司高層提出計畫，藉由網站 molecule.com 把研發問題外包出去，請整個領域的專家提供點子。二〇〇五年，他擴大成立網路公司 InnoCentive。

以前獎金競賽的宣傳方式不多，只有單向宣傳，頗受時間影響，宣傳範圍也有限。「他說：「你可以把消息刊在《紐約時報》，但只有五月二十七日當天剛好有翻到第十四頁的讀者才會看到。」網路改變了這一點。他看見如今科學界人士靠網路讓數百萬人知道他們所面臨的問題，期望獲得寶貴建議。他形容獎金競賽如何促進點子交流時說：「挑戰能驅動創新。」

比方說，美國人約翰·戴維斯在二〇〇七年獲得漏油處理組織提供的二萬美元獎金。一九八九年，埃克森美孚公司的油輪瓦迪茲號在阿拉斯加的海灣觸礁漏油，但相關單位在二〇〇七年發現海底仍有原油殘留，漏油處理組織於是把問題張貼於 InnoCentive。化學工程師戴維斯雖然沒有待過石油產業，但他知道營建業常靠一種振動技術讓水泥保持液態以利澆注，他認為這個方法能避免原油結凍，殘油回收船就能順利抽取殘油。

太陽能產品公司SunNight Solar想替開發中國家設計一款檯燈與手電筒兩用的太陽能燈，於是跟InnoCentive合作，結果兩個月以後，紐西蘭電子工程師羅素．麥馬漢提出辦法並贏得二萬美元獎金。

非營利組織「全球結核病藥物研發聯盟」希望能簡化藥品的製程，提高藥效，降低肺結核的治療費用——全球每二十秒就有一人死於這個疾病。卡納．蘇雷尚是其中一位提出解決方案的人，他們不僅解決問題，更讓數百萬人受益。

InnoCentive網站上有各種問題，像是如何讓貓砂保持無臭（獎金七千五百美元），或是如何預測關節炎的病程（獎金一萬美元）。科學界等人士常把專業知識應用到其他領域，從而解決問題。

「有趣的是，某個問題跟你的專業領域越不相干，你越可能想出辦法。」哈佛大學商學院教授卡林．拉哈尼說。他研究InnoCentive網站上的一百六十六個問題，發現如果問題不屬於回答者的專業範疇，成功解決問題的機率會提高一〇%。

賓漢姆說：「最佳解決方案不見得來自哈佛大學的諾貝爾獎得主。搞不好羅馬尼亞的一個小朋友能提出更值得去試的好點子。」獎金競賽吸引到的回答者相當多元，高於一般預期。解決方案往往來自其他無關領域的人士，因為他們不受業界慣用的看法所囿。

賓漢姆以阿基米德的故事強調集思廣益有多重要。古希臘國王希倫二世想知道某頂皇冠是否為純金打造，阿基米德為此苦思許久但仍束手無策，某日他到公共澡堂洗澡，把身子浸入水中時突然靈光乍現，想到靠測定排水量解決這個問題，不禁興奮大喊：「我找到了！」賓漢姆靠獎金競賽「把千萬人集結起來，期望有人也洗了那一次關鍵的澡。」

線上藝術家社群Threadless：T恤設計競賽

獎金競賽的價值不只局限於解決特定問題：許多點子成為日後創業的基礎。幾乎就在賓漢姆離開InnoCentive之際，線上藝術家社群Threadless的創辦人傑克・尼克爾與雅各・迪哈特把T恤設計競賽的點子轉變成企業，掀起一股電子商務風潮。二〇〇〇年，尼克爾贏得一場T恤設計競賽，憑一股興奮激動想出更棒的點子。

尼克爾現年三十三歲，看起來像是生長過快的小孩子：頭髮亂七八糟，紅鬍雜亂無章，穿著牛仔褲、亮色襪子與網球鞋，瘦削的身子罩著T恤。他沒有商管碩士學位，甚至沒讀過大學，卻靠集思廣益讓傳統零售方式相形見絀。他的法寶是什麼？答案是獎金競賽。他的目標是什麼？答案是提高設計人員的能見度，向全球行銷他們的作品。

在尼克爾贏得T恤設計競賽之際，他住在芝加哥的公寓小房間，晚上在伊利諾藝術協會進修，白天在電腦賣場CompUSA工作，空閒時間則上約書亞・戴維斯創立的線上社群Dreamless.org，跟平面設計師、網頁設計師與程式設計師切磋交流。尼克爾說：「世界各地的設計咖聚集在那邊。大家靠電腦從事藝術創作，搞些稀奇古怪的玩意兒。」Dreamless 的用戶臥虎藏龍，有些甚至是業界裡最擅長使用 Photoshop、Illustrator 或 Flash 等設計軟體的一等一高手。尼克爾花許多時間跟那裡的網友展開「Photoshop 網球對抗賽」，你來我往的回擊著一張張數位影像，一張比一張令人驚豔。

某一次，許多 Dreamless 用戶在倫敦參加名為「新媒體地下節」的非正式聚會，主辦單位在會場宣布舉辦一場T恤設計競賽。「我交出作品，然後贏了！」尼克爾說：「我很高興他們選上我的設計。」那件T恤並未印製發行，尼克爾並未獲得獎金，他的勝利幾乎沒帶來實質好處，卻促使他展開思考。

Dreamless 網站每天都有用戶上傳作品，這些作品卻走不出網路世界。「我想的是，我們花那麼多時間玩設計，要是能跨足真實世界會很有意思。」尼克爾告訴我。如果讓大家分享作品並互相票選怎麼樣？他可以把最好的設計印上T恤，但銷路會如何？這樣能不能讓想創業的設計人員有個好舞台，藉此替自己打知名度？他把提問發表於 Dreamless 網站。「我就是這麼創辦了 Threadless。」尼克爾說。他拿出五百美元創業，普渡大學學生迪哈特在 Dreamless 網站與他結識，決定攜手合作。

他們辦的第一項競賽收到將近一百件作品，其中五件雀屏中選，優勝者免費得到兩件T恤，其餘T恤的販售所得投入下一場競賽。設計者開始平均花六小時設計一件作品，對別人的作品提出建議，Threadless 沒多久就成為設計者的交流園地，大家切磋琢磨，互相指教，然後票選出最佳作品。設計者不僅尋求建議，盡力改善作品，還請朋友投票支持自己。

尼克爾說：「設計者能得到意見，所以會更有勁的好好創作。就像是嗑藥一樣，你會想不斷精益求精，好讓大家看重跟欣賞你的作品。」這個緊密社群善用投票機制，確保獲勝的作品已有現成市場基礎。二〇〇一年一月，尼克爾把第一次競賽的五件得勝作品製作為T恤，各二十四件，結果銷售一空。「我對製作T恤、收錢和發貨實在一竅不通。」他坦承。然而Threadless有一群既有的支持者，因此順利上了軌道。最初優勝者的獎金是五十美元，後來逐漸增加為一百美元、二百五十美元與五百美元，如今優勝者能得到二千美元，外加五百美元的禮券跟抽成分紅，當然還有在Threadless社群裡打知名度的機會。

「大概一％的作品會印上T恤推出。」尼克爾說：「我們每天收到兩百件作品。」每星期約有十件作品印為T恤在線上販售，至於芝加哥的實體店及連鎖服飾店Gap也買得到。

許多傑出設計者從Threadless的競賽發跡，其中一位優勝者在二〇〇八年擔任歐巴馬競選團隊的美術總監，一位替伯頓體育用品公司設計滑雪板，還有一位名叫歐利・摩思，贏得超過三十次優勝，後來成為炙手可熱的廣告設計師。

Threadless舉辦的競賽不止於此。他們也替戴爾筆電、iPhone與iPad舉辦類似競賽，徵集相關作品。近年的徵件主題還有水瓶、枕頭、浴簾與家用百貨商Bed Bath & Beyond的廢紙簍等，其他合作對象諸如迪士尼、卡通頻道與芝麻街。

一如預期，Threadless的模式很成功，在二〇一四年時會員人數幾乎達到兩百五十萬，超過半數來自美國以外地區。藉由善用獎金競賽，尼克爾與迪哈特不僅讓許多設計者提高知名度，還打造出一家蓬勃發展的公司。

善用遊戲

舉凡創造交流空間、建立快閃團隊與舉辦獎金競賽，皆證明有意義的挑戰能促使眾人集思廣益。除此之外，創新者也靠遊戲促進腦力激盪，解決大小問題。遊戲本身令人躍躍欲試，在時限內盡力發揮，並迅速得到意見回饋。

非營利智庫「未來研究所」的遊戲總監珍．麥高尼格指出，遊戲有助增進玩家之間的關係。遊戲過程有助建立互信，了解別人的強項與弱點，找出往後的合作模式。在一場場遊戲中，大家齊心協力，互相信任，磨練合作技巧，無論結果是輸是贏都大有收穫。

「我們正讓全球許多人集思廣益，希望能改變生命科學的面貌。」華盛頓大學遊戲科學中心主任帕波維奇說。二〇〇八年，帕波維奇與同校的生物化學家大衛．貝克推出線上遊戲Foldit，目標是吸引數千名玩家一起探討「蛋白質摺疊」這個困難卻關鍵的主題。

人體有超過十萬種不同的蛋白質。蛋白質組成每個細胞，影響所有化學反應的速度，但組成蛋白的胺基酸具有無數種序列，因此我們不清楚蛋白質是如何摺疊為各種複雜形狀。「我們仍不清楚蛋白質的幾何結構。」帕波維奇說：「如果你掌握任何蛋白質的形狀，你就能知道生命的秘密。」電腦分析在此幫助有限，人腦才是研究能否進展的關鍵。Foldit這款遊戲旨在借用人類的三維空間能力探討胺基酸序列。

許多玩家形容這款遊戲為二十一世紀的俄羅斯方塊。在前幾個關卡裡，玩家認識良好蛋白質的外觀，練習如何將之三維旋轉，拉近支鏈，彎折骨幹，再靠氫鍵穩定整個結構。玩家在電腦螢幕上移著彩色的蛇狀圖形，建構為蛋白質，結構應緊密，但不得過頭，否則不同支鏈的電荷會互相排斥，圖形將出現紅色毛邊示警。

摺疊蛋白質所耗的能量越低，遊戲得分越高，最低耗能結構的分數自然最高。Foldit鼓勵玩家競爭，開放組隊與聊天功能，歡迎各組提出小組策略，甚至每兩年舉辦蛋白質建構大賽，邀玩家與全球的研究團隊同場競技一較高下。

Foldit共有二十四萬名註冊玩家，他們想出各種蛋白質的組合方式，有助研究人員對抗癌症、阿茲海默症與其他疾病。目前遊戲玩家已發現一種微蛋白抑製劑，可用來阻斷某種在一九一八年肆虐全球的流感病毒。「逆轉錄病毒蛋白脢」是愛滋病毒能在活體內繁殖與複製的關鍵，先前研究人員耗費十餘年鑽研仍一籌莫展，但遊戲玩家在二〇一一年只花十天就破解其結構，有助開發出對抗愛滋的新藥物。

帕波維奇藉遊戲讓千萬名玩家腦力激盪，有助解決許多最複雜棘手的生命科學問題。帕波維奇說：「單靠一個人絕對束手無策。但我們靠這遊戲讓很多人不僅可以玩樂，還可以一起對科學發展做出貢獻。」

＊

藉由遊戲解決實際難題是一股方興未艾的趨勢。全球有超過五億人每天至少玩線上遊戲一小時，其中光是美國就有一億八千三百萬人。創新者知道遊戲可以不只是娛樂，更是一種管用的工具，足以使工作更有趣，促進員工互動，提升工作表現。根據顧能科研顧問公司的預測，到二〇一四年年底以前，至少會有七〇％以上的全球前二千大企業利用遊戲提升員工的表現。

全球最大廣告商陽獅宏盟集團旗下有一個名為PHD的前瞻傳媒規畫公司，在藉遊戲集思廣益方面堪稱先驅。這家公司替所有員工設計一款名為Source的觸控遊戲，藉此促進合作，提升成效。一般遊戲常涉及探險與解謎，Source則以傳媒規畫與購置為主題，遊戲任務包括籌畫簡報會、實行市場研究與舉辦傳媒活動等，供員工加以演練。

PHD的全球策略暨規畫總監馬克．侯登表示：「大家天天來上班就像是來玩。工作變成遊戲，合作共事變得熟悉容易。」他們玩Source越久，合作越順，「分數」也越高。這些分數會即時顯示於全球總成績表上，每個員工（亦即玩家）針對工作成績與合作表現互相較勁，透過遊戲系統檢視各自的當日分數與工作成果。

員工的遊戲表現會影響升遷狀況。這套遊戲十分成功，足以激勵員工，妥善衡量工作表現，從而對公司有益，侯登說這是聯合利華公司針對全球通訊計畫工作大力稱許PHD的主因。「這簡直像是公司裡有一顆頭腦正在下意識的工作著，你隨時能從中獲得先前不存在的新點子。」他說。

遊戲有助激勵員工積極表現，承擔責任，想出新點子。然而，帕波維奇指出：「要把遊戲設計好很不容易。」遊戲需經過悉心設計，公司的目標在一開始就訂立清楚（這不見得容易），再藉由遊戲內容引導員工朝目標前進。此外，另一個重點是把吸引員工的興致列為首要考量。如果遊戲會占據員工許多的寶貴時間，遊戲應引人入勝，但同時也要對公司有益，不能只是遊戲而已。單憑評分與授獎還不夠，唯有審慎的遊戲設計才能讓工作輕鬆有趣，反映工作成果，提升工作表現。

T型人才

如今集思廣益已是成功關鍵，我們需要另一種類型的工作者。我們不僅要學習如何交流想法，也要學習如何把握機會以全新方式集結眾人一起解決問題。

史丹佛大學校長軒尼詩談到培育T型人才的需求。T型人才是指既對一門領域深入鑽研，亦對諸多領域廣泛涉獵。相較於I型人才只專精一門領域，T型人才以開放態度融會各種觀念。

軒尼詩說，合作有時讓你「解決掉不能只從單一角度思考的問題，如同擊出一支滿貫全壘打」。小兒麻痺症正是一例：「許多頂尖人才努力研究臨床治療方式，不斷費心改良移動式鐵肺，卻形同徒勞無功，解決之道其實是疫苗注射。」科學界藉由集思廣益從不同角度切入問題，如今這個趨勢方興未艾，正如軒尼詩所言：「學生之間就像是有每秒一百MB的頻寬，大家交流資訊，擴展能力，朝T型人才邁進。」觸類旁通才有價值。

世界各地的人才經驗不同，做法各異，應共同合作。舉凡不同思維、不同技能、不同語言或不同做法的人應互相交換意見，集思廣益，或許就能提出創新的點子。

各自思考恐有局限，集思廣益則能解決棘手難題。你是選擇安全的道路？還是迎向艱難的挑戰？集思廣益有助你抱持信心，並有能力面對真正重要的問題。

創新者筆記

- 創造交流空間：創新者明白未來的工作模式是集結跨領域的人才，善用各種科技平台，供大家交流想法。
- 建立快閃團隊：由於科技進步，快閃團隊能迅速集結，著手開工，隨後解散。
- 舉辦獎金競賽：獎勵往往能激勵他人面對難題，靠著網路讓數百萬人知道問題，邀請大家一起想方設法。挑戰能驅動創新。
- 善用遊戲：遊戲過程有助建立互信，了解別人的強項與弱點，找出往後的合作模式。
- 培養自己成為T型人才：T型人才有其專業，亦對諸多領域廣泛涉獵。相較於T型人才只專精一門領域，T型人才以開放態度融會各種觀念。

慷慨

第六章　慷慨的創新者

願當好人物，不當大人物

PayPal共同創辦人 提爾

你必須相信保持獨特的重要，你必須相信你能做出成果，改變世界，從而改善大家的生活。

一旦從互助合作中受惠以後，就不再是原本那個自私的自己。

加州大學聖地牙哥分校教授 福勒

你必須明白這世界很小，別人都能查到你的資料。

LinkedIn創辦人 霍夫曼

你一定要跟別人借用資源才能獲得發展。大家互相競爭，也彼此交易。你一定要跟別人建立關係，弄懂別人為什麼跟你交易，或者為什麼不跟你交易。我們開玩笑說不妨叫應徵者玩這個遊戲，觀察他們如何思考跟操作。

LinkedIn創辦人 霍夫曼

現在世界變得更透明、有效率，人與人彼此連繫、互相依存。當個好人也對自己有利。

Benchmark合夥人 柯勒

Jawbon共同創辦人 阿賽利

這是個強調公開、誠實與良善的時代，即使是道歉也能建立商譽。大眾認為你做了一個人該做的行為，所以他們肯相信你的牌子，願意回來捧場。

購物網站Gilt 梅班克

在我們看來，你周圍的人希望你怎麼做，你就該怎麼做。

在以前，別人認為你是『大人物』，所以樂於追隨你。但現在你該更關心那些追隨你的人狀況如何。

LinkedIn創辦人 霍夫曼

哈佛大學教授 諾華克

名聲走在一個人的前面，在行動科技與社會媒體盛行的今日世界尤其如此。

誠心幫助別人，也就同時幫到自己，
這是人生最美麗的報酬。

——愛默生

他們上他的課，找他問職涯建議，投資他的公司，核可他的專利；學術界、科學界與企業界的大老找他尋求想法與靈感；甚至連美國總統都致電他尋求諮詢。而巴伯·蘭格從來不吝提供協助。

蘭格在麻省理工學院主持全球最大的學術生醫工程實驗室。蘭格的實驗室開發出對抗癌細胞的奈米粒子、智慧型膠囊、無針注射器、尼古丁貼片、再生人體組織，甚至還有人工聲帶，有朝一日能讓《真善美》的女主角茱莉·安德魯斯再展天籟歌喉。此外，蘭格還在老鼠的背部植入人耳，他說：「大眾反應不佳，但這技術本身是好的。」他身形瘦削，個性低調，儘管是全球舉足輕重的大科學家，行事卻謙沖自牧。

蘭格很年輕即當選美國三院院士，迄今無人超越。他是控釋藥物傳輸與人體組織工程的先驅，先後與他人聯合創立二十五間公司，把專利技術授權給超過二百七十個單位使用，獲得二百餘種獎項，擁有超過八百個專利，發表將近一千二百篇論文。然而當別人問他生平對什麼最感自豪，他立刻回答：「我的學生。他們幾乎就像是我的孩子，我看到他們有傑出表現就心滿意足。」

蘭格知道支持的重要。照他的講法，他的職業生涯「一開始困難重重」。一九七四年，他在麻省理工學院取得化工博士學位，卻拒絕掉超過二十個石油業的優渥工作，反而嚮往教書，向四十所高中申請教職，結果全遭拒絕，只好改為申請醫學研究員的工作，寄出一封又一封履歷卻毫無回音。

後來波士頓兒童醫院的癌症醫師福克曼找他面談，他穿上僅有的西裝，開著破車到醫院赴約。福克曼後來在二〇〇八年過世，當年以特立獨行著稱，想藉由阻斷血液供應來對抗癌細胞。他決心賭在這個年輕的化學工程師身上，告訴他說雖然這問題錯綜複雜，但他相信蘭格能想出對策。福克曼雇用蘭格，蘭格成為全醫院唯一的工程師。

蘭格花兩年設法實現福克曼的理論，他說：「有個重點是我沒有去讀先前的研究怎麼說這條路絕對不可行。」他一再失敗，最後終於提出突破性發現：他提出一種多孔聚合物，既能包覆用來攻擊微血管的微粒，還能控制微粒的釋放速度。藉由阻斷供血來對抗癌細胞從此變成可能，一套有效抗癌的嶄新療法於焉誕生。

蘭格的研究領先整個時代，起初許多化學家與生物學家都嗤之以鼻，他提出九件研究補助申請卻全遭打回票，經過多年努力才成功申請到一項專利，麻省理工學院的資深教授甚至直接表明他的研究不重要。儘管如此，福克曼一如既往的支持他。「是他讓我走上今天這一條路。」蘭格坐在實驗室的凳子上說：「如果我能多像他那樣做事，應該更多人能受惠。」

何謂小善？

創新者認為成功不只是推出新產品，更是關心顧客、同仁與夥伴（也許只有少數特別挑剔討厭的創新者除外。）他們把關心別人當作競爭優勢，藉由滿足別人的需求締結善緣。

他們靠幫助別人建立正向關係——我稱之為常行小善。他們時時留心，樂於助人，願意多花時間與精力回覆履歷、檢閱提案、提供參考資料，或者寫些鼓勵的隻字片語。

工作環境正在演進，不再是汽車生產線般的一成不變，而是有更多流動與變化，例如線上產品與服務的開發團隊，還有依照個別專案工作的專業人士，他們藉由迅速集思廣益達成一個個目標。生產線末端的工人無法影響前端的決策，但要是階層較不儼然，大家能彈性選擇工作夥伴，相得益彰，展現事半功倍的工作成效。

實踐點子有賴其他創業夥伴、投資人、同仁、顧問等的鼎力協助。創新者有賴他人提供資訊、測試想法、尋找夥伴，並迅速集結資源。此外，創新者以滿足他人的需求為己任，因而廣結善緣，增加競爭優勢。

常行小善也能增進名聲。短短幾年以前，外人仍難以得知某位創新者是如何對待員工，但如今網路社群盛行，想一窺究竟簡直輕而易舉，一個人是大方或自私恐影響甚大。創新者若廣結善緣，能贏得好名聲，成為大家想合作的對象，這份名聲不僅限於實際接觸的寥寥數人，還會口耳相傳，從人際網絡往外擴散，帶來許多機會。

助人向來是正確之舉，但在現今透明公開的世界裡，助人還是創新者的致勝利器。

- 「歷史走到現在這個時代，當個好人也對自己有利。」風險投資公司Benchmark的柯勒告訴我：「原因是現在世界變得更透明、有效率，人與人彼此連繫、互相依存。」柯勒在成立投資公司以前，參與過LinkedIn與臉書的草創時期，對世界的透明公開化貢獻良多。
- 「這是個強調公開、誠實與良善的時代，即使是說出道歉也能建立商譽。」科技公司Jawbone的共同創辦人阿賽利說：「大眾認為你做了一個人該做的行為，所以他們肯相信你的牌子，願意回來捧場。」UP手環出現故障問題時，Jawbone供顧客選擇退費並繼續保有手環，阿賽利正是在那時學到這個啟示。
- 「在我們看來，你周圍的人希望你怎麼做，你就該怎麼做。」購物網站Gilt的共同創辦人梅班克說。創新者肯付出時間與精力建立互利的合作關係，大家樂於與他們共事。

常行小善勝過單打獨鬥。

受惠與回饋

蘭格在我們參觀各實驗室時說：「大家對自己有信心，就能做好事情。人可能會沒自信，例如當年的我。現在我的職責就是激起大家的信心。」蘭格會在幾分鐘內回覆信件，在二十四小時內回覆論文，永遠對學生敞開大門，無論對大學生或博士後研究員皆然。他協助學生升上研究所或找到好工作，協助同仁申請專利，協助創投人員洞悉尖端科技，協助政府人員支持科學研究。

蘭格告訴我：「如果你想解決某個重大問題，你必然會碰到很多挑戰。要突破主流想法很困難。」互相幫助因此更形重要。

*

創新者明白創新突破有賴群策群力，會設法與他人通力合作、互利互惠。

蘭格說：「我做了一陣子研究以後，發現靠自己走不了多遠。如果我真想幫助大眾，我不能只是窩在麻省理工學院的這個實驗室埋頭苦幹，而是要找產業來支持。」

蘭格在一九八〇年代中期首次把他的聚合物相關專利授權給禮來藥廠，換取實驗經費與顧問費用。然而禮來藥廠並未善加利用，蘭格大失所望，設法要回專利權，再跟麻省理工學院同仁克里巴洛夫創立他的第一間公司Enzytech，也就是生物製藥公司

Alkermes的前身。這般拒絕禮來藥廠的實驗贊助可謂冒險，卻展現他溫文舉止底下的強悍性格。如今Alkermes開發出球狀微載體，藉此治療糖尿病、思覺失調症、慢性酒精中毒等慢性病。

一家名叫Nova的小型製藥公司也在這時找上蘭格，希望他能授權技術。他建議對方跟約翰霍普金斯大學的腦瘤手術專家布萊姆合作，日後他們開發出格立得植入劑，用來直接對腦瘤移除處投藥。先前的癌症療法會大幅影響全身，這種微型植入劑則針對罹癌部位直接釋放藥劑，不致損傷其餘組織，堪稱癌症治療的重大突破，Nova躍居估計市值達一百二十億美元的大企業，並由蘭格擔任董事。這段經驗使他相信跟新創公司分享技術能真正發揮影響力。

蘭格說：「在那之後我們把實驗室裡許多學生的發明發揚光大，做成實際產品。」事實上，他已共同創立二十五家公司，每家的年營收都超過一億美元。

莫西絲先前是蘭格的博士後研究生，目前擔任波士頓兒童醫院血管研究計畫的負責人，她說：「蘭格催生了許多很棒的公司。」目前為止，超過二百五十名蘭格教過的學生先後創辦公司或在大藥廠主持研發部門，約二百名學生自己主持實驗室。

大衛・愛德華斯是其中一員。一九九〇年代初期，他是蘭格實驗室裡唯一的數學家，利用數學建模分析複雜問題。蘭格問他是否能替吸入式藥物（例如氣喘藥）建模，畢竟這類藥物只有不到五%能進入肺部，效果大打折扣。愛德華斯著手藉數學模型研究如何讓噴劑的微粒更加輕巧，避免一般噴劑的缺點，例如卡在喉部。這項研究帶來許多實驗發現，論文獲得出版，他並共同創辦吸入式藥劑研發公司AIR，日後以一億一千四百萬美元出售（蘭格也提供協助）。後來愛德華斯成為哈佛大學的生醫工程教授。

「蘭格以外的任何人都能提出點子。」蘭格的博士後研究生瓦倫西亞說。當時我們正走過一間間貼著危險警告標示的儲藏室，也經過一支標靶奈米粒子的研究團隊，他們研究的微粒比人類頭髮的直徑還小許多。「蘭格不在乎功勞是歸在誰的身上，反正我們就是專心投入研究，努力對抗各種病痛。」比方說，蘭格與哈佛大學醫學院麻州總醫院的瓦坎蒂攜手合作，藉聚合物支架替燒傷患者研發人造皮膚，並替脊髓受損患者研發人造軟骨。最近蘭格實驗室的研究人員從老鼠身上剪取脊髓，在聚合物支架上培養補充細胞，再移植進脊髓受損的部位，這些老鼠在手術後再度得以行走，只是腳步略跛，這項創新突破日後也許能讓癱瘓患者重新邁出腳步。蘭格說：「這項研究如同一道曙光，日後或許能用來造出各種組織細胞，重建脊髓、腸道、肝臟或氣管。」

創新研發必然得對抗傳統做法，但創新者靠常行小善廣結善緣，建立同盟，互相支援扶持。

波士頓大學校長羅伯．布朗說：「到頭來重要的問題是：蘭格究竟會催生多少療法與產品？我想數量會很多。他們實在對人類的健康福祉貢獻良多。」

感染他人

行善足以感染他人。楊百翰大學社會學家菲利浦・昆茲做過一項探討善行的有趣實驗，他從所有社會經濟相關學系隨機挑選六百名對象寄送聖誕卡，結尾以紅筆寫上：「來自昆茲的聖誕祝福」。

昆茲收到一百一十七封回信。多數十分普通，只寫上「聖誕快樂」；有些回得客套：「抱歉，我不記得您是哪位，但還是祝您聖誕快樂。」有些隨信附上新家、寶寶或寵物的照片，信裡寫得洋洋灑灑：「老友，願我們友誼長存。」此外，昆茲接到十一通來電，有些純粹好奇他的身分，有些則認為他是一位淡忘已久的多年老友，期盼跟他好好敘舊。

這項研究反映許多人會回報別人的善意。我們在日常生活不時互相與人為善：露出支持的微笑、幫忙把門扶住，還有向陌生人問候。行善能如同連鎖反應。

二〇一二年十二月，加拿大連鎖咖啡店Tim Hortons 的得來速車道來了一位顧客，她說要替下一位顧客付錢，結果這個善行激起連鎖反應：接下來的二百二十六位顧客都替下一位顧客付錢。二〇一三年，休斯頓市的連鎖炸雞速食店Chick-Fil-A有連續六十七位顧客替下一位顧客付錢。數月以後，麻州埃姆斯伯里鎮的連鎖甜甜圈店Heav'nly

Donuts則有連續五十五名顧客做出相同善行。

這種善行接力能發揮三至五倍的效應。加州大學聖地牙哥分校教授福勒與耶魯大學教授克里斯塔基斯稱這種現象為「社會感染」，受惠者在之後更有可能慷慨展現善行。福勒表示：「一旦從互助合作中受惠以後，就不再是原本那個自私的自己。」

福勒與克里斯塔基斯在二〇一〇年發表研究指出，善行能帶來更多的善行，並激發合作。在實驗中，他們請互不認識的受試者每四個一組進行遊戲，而根據福勒的說法：「這遊戲就像是大型的數獨或輪替競賽。」研究人員給每人一些錢，請他們決定多少金額要留給自己，多少金額要捐出來當作共同基金（每人均分總額），但不能把金額告訴其餘組員。最佳狀況是每人都捐出所有的錢，但他們不清楚別人會怎麼做，只能自己先下決定，事後才獲知結果。遊戲反覆進行，每一輪都徹底打散分組，成員不會重覆。

「如果他們在第一回合互相合作，其餘回合都會受到影響。」福勒說。第一輪捐出全部金額的受試者，讓收到小惠的人願意在第二輪多捐出二十分錢；而這些在第二輪受惠的人，則會在第三輪多捐出八分錢；而第三輪受惠的人則會在第四輪多捐出五分錢。福勒說：「這只是一筆小錢，區區幾個銅板而已。但加總起來，每給出一美元，最後會有三美元的回報。」

這項實驗指出善行如何帶來可觀的回饋。在現代多變的工作環境中，個人能藉由常行小善與他人建立合作關係，互相影響，彼此受惠。

霍夫曼的例子

「人最重要。」職業社群網站LinkedIn共同創辦人霍夫曼跟我在帕羅奧圖市的咖啡館碰面時說：「你身邊的人對你大有助益——他們給你資訊，協助你完成任務，幫你促成交易，還讓你及重要同仁獲得機會。」霍夫曼從人際網絡獲益，甚至主動開發人脈。

我們共同的朋友艾倫．李葳說：「霍夫曼是那種願意幫你替院子除草的人。」李葳創立管理顧問公司「矽谷連繫」，後來替LinkedIn工作。她這句話點出我們能把「常行小善」變成「日行小善」。而且如今網路能讓種種小善攤在陽光下。

霍夫曼說：「別人不至於會為你躺在鐵軌上，但他們會想怎樣能幫到你。如果你認真從小地方讓雙方獲益，多數人會變得在乎你，樂於助你一臂之力。」這是企業家、投資人與政府人士幫他的一個原因：他也想幫他們。每次他聽完某間公司負責人的報告以後，即使他拒絕投資對方的公司，仍樂於伸出援手：「我盡量提供建議並幫助對方。」由於霍夫曼常行小善，這個名聲不脛而走，矽谷人有事往往找他幫忙。

然而可別誤解：他是講求彼此合作，而非單向付出。他說：「在商場上很酷的一點是許多事情並非零和遊戲。有些人一心想幫到別人，而網路讓助人變得更加方便容易，大家從中獲益匪淺。可惜多數人誤解箇中意思，只想獲得，不想付出。」霍夫曼搖著頭繼續說：「如果你能關注於如何幫助身邊的人，到頭來你會獲益良多。」

LinkedIn是以賽局理論為基本準則。霍夫曼說：「如果你創造一個讓多方持續合作往來的系統，賽局理論就會發揮作用。別人不會找你麻煩，否則火會燒回自己身上。」霍夫曼藉由組織架構讓用戶能輕易評估別人的名聲好壞，與同事及同學彼此連繫，替對方介紹公司、職員、客戶或顧客。換言之，LinkedIn堪稱以經濟誘因讓每位用戶表現出更好的行為。霍夫曼認為：「你必須明白這世界很小，別人都能查到你的資料。」

當年霍夫曼在史丹佛大學主修哲學，拿馬歇爾獎學金赴牛津大學深造。他自稱為一名公共知識分子，原本考慮在學術圈打拚，但後來他認為：「我靠寫軟體不僅能實現公共知識分子的理想，還能藉由商業模式發揮更大的力量，影響到數百萬人，甚至數千萬人。」他一心想從消費者科技著手，發揮如此巨大的影響力，於是他開始專心研究如何讓大眾建立互惠關係。

霍夫曼說：「在以前，別人認為你是『大人物』，所以樂於追隨你。但現在你該更關心那些追隨你的人狀況如何。」他這般說明領導模式的改變。今日世界的競爭本質已然改變，無論一個人是處在哪個職位或職涯階段，都有必要吸引下屬、投資人或良師益友，彼此結盟合作。至於方法為何？霍夫曼說：「有錢付給他們當然不錯。但高手總有許多人捧著大筆鈔票找他們合作，所以你的案子必須很有意思，你本人也必須很有意思。」創新者藉由提供職涯晉升等機會吸引合作對象。

霍夫曼深諳此道。在YouTube的草創時期，他在LinkedIn挪出辦公空間，供YouTube的三位創辦人陳士駿、賀利與卡林姆自由使用。他以天使投資人身分提供資金給諸多新創公司，例如照片分享網站Flickr、團購網站Groupon、自由網路社群Mozilla、新聞共享網站Digg、興趣社群網站Mightybell、網誌搜尋引擎Technorati和圖片網站Tiny Pictures。他把祖克伯引薦給大學朋友提爾，臉書因而獲得第一筆外部投資。他擔任許多公司的董事，包括住房短租網Airbnb、自由網路社群Mozilla、師生互動平台Edmodo、比特幣交易公司Xapo、社群禮券公司Wrapp和購物軟體公司Shopkick等，此外他也擔任不少非營利組織的董事，例如在新興經濟體大力協助創新者的Endeavor、教育機構QuestBridge，還有微型貸款平台Kiva。二〇一二年，他自掏腰包出借一百萬美元給微型貸款平台Kiva，想藉此多吸引到開發中國家的四萬名創新者，每名各獲得二十五美元的小額貸款。Kiva在短短幾天大有斬獲，超過先前二個月的努力成果。

霍夫曼以他最喜歡的桌遊「卡坦島拓荒」比喻合作與競爭如何並存。根據遊戲規則，最先得到十分的玩家就獲勝，但要贏一定得與其他玩家交易。霍夫曼解釋：「你一定要跟別人借用資源才能獲得發展。大家互相競爭，但也彼此交易。你一定要跟別人建立關係，弄懂別人為什麼跟你交易，或者為什麼不跟你交易。我們開玩笑說不妨叫應徵者玩這個遊戲，觀察他們如何思考跟操作。」每名玩家靠增加地盤以建立帝國，方法包括交易資源、公開結盟、密謀結黨、善用策略、助人一臂或捅人一刀。許多矽谷人認為這款遊戲與企業經營有異曲同工之妙，因為玩家必須交換資源，還得依據擲骰子的結果修改方針。霍夫曼的熱心善舉吻合他對這款遊戲的熱情投入。

行善指南

創新者依循特定原則以求有效行善，藉此決定幫助對象、所花時間與所花精力，並跟他人互助合作。

決定幫助對象

可靠同仁的推薦幾乎實屬必要。霍夫曼說：「除非我很信任的人跟我大力推薦某人，我才會跟對方合作。」這也是LinkedIn的原則方針。布蕾克莉想幫助有心開創事業的女性，藉由Spanx的網站與型錄助她們一臂之力。Threadless創辦人尼克爾則想讓沒沒無聞的設計人獲得舞台：「有個會員的設計由服飾品牌Gap印為T恤，她是個家庭主婦，兩個孩子還非常小，一家人住在軍營裡，她老公才剛派駐伊拉克。她晚上哄小孩睡覺以後就乘機著手設計。」創新者支持跟自己有相同價值觀的對象。

決定所花時間與精力

蘭格要忙許多事情，他的做法是把每場面談時間訂為十五或三十分鐘。他很好找，也能即時提供諮詢與建議，但必須談得很有效率。數據分析公司Palantir、財務管理平台Addepar與創投公司Formation 8的創辦人倫斯戴爾則著重於解決最根本的問題，這是他訂下的標準：「可惜的是，許多科技公司著重於怎麼讓消費者表現自己、玩得開心或教寵物吱吱叫。我感興趣的是協助夥伴處理人類文明面臨的重大問題，例如能源、醫療、政府與金融的相關議題。」行善能強化關係與擴展人脈，但創新者不忘顧好事業目標。

彼此互助

希臘優格品牌喬巴尼的創辦人烏魯卡亞買下那間殘破工廠以後，仍繼續雇用廠內原本的員工，還跟紐約州北部正面臨經營困境的畜產業者展開合作。在喬巴尼需要幫助之際，他與當地業者的良好合作關係起了作用，營運得以蒸蒸日上。扎克．珀森自行創立服裝設計公司，由母親蘇珊．珀森擔任執行長，由於梅班克與薇爾森讀商學院時替蘇珊做過研究專案，當她們創辦購物網站Gilt亟需協助之際，她們找她幫忙——結果扎克．珀森成為Gilt的首位設計師。

史丹佛大學教授法蘭克．弗林以慷慨行善為研究主題，調查矽谷某間公司的一百六十一位工程師，發覺工作表現最佳的工程師往往樂於協助同仁，但他也發現有些工作表現最差的工程師同樣樂於助人。箇中差別在於**助人的方式**。表現傑出者常與同仁密切互動，藉由協助他人贏得尊敬與地位，而且他們自己也願意向他人求助，工作效率因而提升，至於表現不佳者則只幫助他人，但不求助他人，反而拖累自身表現。換言之，重點在於互助互惠。

魏德曼版摩爾定律

「我愛開玩笑說，現在我希望達到我在大學完全達不到的一件事：我希望我是大家手機快速撥號鍵上的第一個名字。」寶僑公司「聯合發展平台」的共同創立人傑夫・魏德曼說。寶僑是全球最大的消費日用品公司，年營收達八百三十億美元。魏德曼率領團隊跟其他公司、開發商、創新人士與科研人員尋求合作，設法實現創新點子，這個由他催生的聯發平台堪稱寶僑公司內部的新創企業。

魏德曼說：「寶僑公司在大概十年前碰到瓶頸。我們的創新速度趨緩，新產品只有三分之一獲得成功。」寶僑公司希望成為其他公司眼中理想的合作夥伴或正派的競爭對手。魏德曼告訴我：「這聽起來不太響亮，但確實是我們的目標。我們衡量自己跟其他公司的企業文化有何優劣，並且捫心自問：別人會想跟我們合夥嗎？」寶僑公司把眼光轉移到外部，尋求與其他公司合作，包括競爭對手在內。

幾年前，某人向魏德曼提出令人眼睛一亮的新技術，但該技術與寶僑公司的走向不符，於是魏德曼把他引薦給競爭對手。在接下來一場業內聚會上，那家競爭對手的創新總監跟他致謝。她說：「因為那人是你介紹的，我面臨最大的問題就是怎麼讓同仁好好看它一眼，我費了一番工夫才讓同仁明白這符合你的行事作風，那就是：如果有什麼不適合寶僑公司，你會介紹給別人。」

魏德曼說：「我希望大家都先打給我。如果我們有興趣，我們會好好投入；如果沒興趣，也有成人之美，願意協助別人做出來。」魏德曼很清楚多行小善會有好處，超過公司面臨的潛在損失：「這種互惠非常重要。」

摩爾定律是指晶片效能每十八個月提高一倍，而魏德曼說：「我有我個人版本的摩爾定律，那就是跟同一家公司談第二筆交易的時間只需第一筆的一半，談第三筆交易則只需三分之一，以此類推。一般來說，第二筆與第三筆交易會比最初的交易更有價值，超出原本的預料。」一旦智財權等問題解決，後續交易當然較為迅速，但魏德曼認為重點在於「互信」讓兩家公司能設法互惠，並了解對方的能耐，雙方會開始說：「哇，沒想到你能辦到這個！」或者說：「我們這樣做如何？」

寶僑公司旗下的幫寶適Kandoo與製造商Nehemiah展開授權合作即屬一例。寶僑公司認為Kandoo這個品牌太小，還會分散火力，於是把品牌授權給辛辛那提的社會企業暨製造商Nehemiah，而Nehemiah的共同創辦人梅爾斯則把應付不來的大案子轉給寶僑公司。過去幾年來，寶僑公司總共把九個品牌授權給Nehemiah。二〇一二年，魏德曼把梅爾斯介紹給兒童柔濕巾公司「忙碌小寶貝」的創辦人琵金絲與唐妮。

這樣把梅爾斯介紹給同業對魏德曼有何好處？魏德曼說：「我不知道。但這樣能幫到我們的合作夥伴，所以是個好決定，而且我相信某件好事一定會發生，雖然我現在不知道會是什麼事。有些事有數據參考，但我們這樣做是出於信念。」

互助求生

「合作不是無關緊要的小現象，而是形塑今日世界的大要素。」哈佛大學演化動力學計畫主持人馬丁．諾華克說。諾華克認為達爾文的進化論有必要更新，演化不只有賴遺傳變異與物競天擇，還牽涉第三個機制：合作。

諾華克認為語言的形成是過去六百萬年間最有意思的現象，而溝通能力使得演化不只關乎基因，也關乎想法。

我聽說過諾華克的「演化數學」，來到他的演化動力學實驗室，赫然發現每面牆上寫滿數學式。諾華克跟我問候。他是個和藹可親的教授，操著類似阿諾・史瓦辛格的口音（他跟阿諾是奧地利的同鄉）。

為了探究人類行為背後複雜的決策機制，諾華克以電腦建模搭配賽局理論模擬人與人的行動。賽局應用中最有名的也許是「囚徒困境」：兩名嫌犯遭到逮捕，分別接受問訊，並獲得一項條件，那就是只要「背叛」對方，亦即作證對方有罪，則自己能無罪獲釋，對方服刑十年；如果雙方彼此「合作」，亦即保持緘默，則兩人都服刑一年；如果雙方彼此「背叛」，則各服刑五年。理性的做法是背叛對方，並希望對方沒有背叛自己。

囚徒困境的兩位嫌犯是彼此隔離。如果他們能互相連絡，他們會決定不背叛對方，以求兩人只服刑一年；但他們無法連絡，只能採取理性做法並背叛對方——兩人因此都服刑五年。溝通足以改變一切。

諾華克與同仁把規則稍加修改，加入「名聲」資訊。當名聲迅速擴散，合作隨之增加。自私只在短期有利，長遠來看卻非如此。喜歡背叛對方的玩家較難得逞，優勢因此減少。

「名聲走在一個人的前面。」諾華克說。這在行動科技與社會媒體盛行的今日世界尤其如此。「你會幫別人，因為名聲很重要，而且別人會回過頭來幫你。你也會知道別人的名聲好壞，根據對方的過往紀錄決定是否出手幫忙。」溝通使合作更形重要。

諾華克說：「我先幫你，別人也會幫我。我並不期望你的回報，但別人會看到我的行為，名聲往外流傳。」名聲大幅影響互動模式。自私型玩家會遭避而遠之，合作型玩家則是好人有好報。

諾華克的研究指出，在我們追求個人利益之際，也有動機與人為善。由於好人有好報，行善會對自己有利。

「好人總是領先。」大衛．蘭德說。他先前是演化動力學實驗室的研究員，目前於耶魯大學擔任助理教授。他把諾華克的數學模型加以延伸，探討網路社群裡陌生人之間的反覆互動。二〇一一年，他從亞馬遜的群眾外包市集 Mechanical Turk 找來八百位受試者，大家共同玩一場遊戲，人人獲得相同的點數，彼此與一位或多位玩家互有結盟，得以分享點數。一如預期，合作能帶來好處。玩家會想跟合作型玩家結盟，跟自私型玩家斷交。真實世界也是如此，大家能自行取決互動對象，往往會親近樂意合作的對象，疏遠不願合作的傢伙。

蘭德格外關注原先屬於自私型的玩家有何反應。他們擔心結盟對象繼續減少，擔心不合作引起的後果（遭人排斥），因此在第二輪分享點數的機率提高一倍，在後續回合甚至比一般玩家更樂於合作。

「大致來說，你最好當個好人，否則等著遭人排擠。」蘭德說。

*

由於創新者的慷慨協助，本書才能順利完成。超過二百位創新者跟我分享真知灼見，花數小時回答各種問題，並藉由電話、電子信箱或Skype後續連絡，而且幾乎所有訪談最後都是如此作結：「如果需要其他幫助，還請再跟我說……我會請另一位妳該訪談的創業家跟妳連絡……有問題歡迎再提出來。」這種慷慨行為不只溫暖人心，也是一種成功利器。創新者的非凡之處不僅在於他們建立的公司本身，也在於他們建立公司的手段方法。

創新者筆記

- 創新者認為成功不只是推出新產品，更是關心顧客、同仁與夥伴。他們把關心別人當作競爭優勢，藉由滿足別人的需求締結善緣。
- 創新者明白創新突破有賴群策群力，會設法與他人通力合作、互利互惠。
- 創新者依循特定原則以求有效行善，藉此決定幫助對象、所花時間與所花精力，並跟他人互助合作。
- 創新者相信幫忙合作夥伴，絕對是個好決定，好事一定會發生，即使現在還不知道是什麼。

能量

結語　六項修練的能量

無論你能做什麼，或夢想著要做什麼，做就對了。
膽識之中蘊含著才智、力量與魔法。

——登山家W・H・莫瑞

一九九〇年代中葉，程式設計師歐米迪亞在加州帕羅奧圖市做出一次太陽鳥式飛躍。「我想出好點子，想出怎麼把點子挪用到別的地方。」歐米迪亞告訴我。當年他想到把現實世界的拍賣會搬到網路世界，還把這個線上跳蚤市場的概念分享給朋友傑夫．史考爾。當時史考爾正在替騎士報業集團的子公司管理線上通路。史考爾說：「我看見歐米迪亞口中的切入點。我辭掉工作，跟他一起打拚。」

歐米迪亞創辦的eBay成長迅速。他跟史考爾腳步迅速，想拔得頭籌，一路領先大型競爭者，避免在草創初期即遭它們打倒，但這種匆匆腳步不只確保公司存活下去，也帶有風險，套用史考爾的說法是如同「阿基里斯的腳跟」，敵手總有辦法找到致命的弱點。由於流量激增，eBay網站開始出現系統故障。不過他們仍盯緊天際。「企業家看得見障礙後面的願景。」史考爾說。一九九九年，網站故障整整四天。「我們一度面面相覷的說：『怎麼辦？公司要毀了！』」史考爾搖著頭說。幸好他們從不同技術領域切入，腦力激盪出解決方案。短短五年之間，eBay從腦中的一個點子開花結果，成為一個文化符號，擁有數億名用戶。「我們成功的秘訣在於相信人性本善。」歐米迪亞說。一如他們期望的那樣，買家與賣家在網路上建立起互信，eBay因此飛速成長，促成大量線上交易。

「我還記得當年想說我們沒在商學院研究過這樣耗腦力的個案。」史考爾告訴我：「有些公司想買下我們，我們則想募得創投資金，我們的網站故障過，我們的員工人數高速成長過，一切都同時發生了。」

歐米迪亞與史考爾破解了創新者的成功密碼。他們勤用六大修練，把eBay經營得有聲有色。然而他們得靠自己發現密碼，你則已有藍圖在手。

運用創新者密碼

創新者靠六大修練成功創立企業。各竅門本身都很管用，但更能相輔相成。如同我們能把摩斯密碼的圓點與橫線結合出文字與概念，我們能靠結合六大修練開啟無限的可能。

一經破解以後，這些關鍵修練顯得非常明顯，但當初卻花了不少力氣找出來。單一一位創新者的經歷無法揭露創業訣竅，答案的背後是兩百場訪談與無數費心研究。

我們在前面章節探討傑出創新者的故事。我們在「找到切入點」那一章遇到連鎖速食店Chipotle的創辦人埃爾斯，他不只看見一個創立休閒快餐連鎖店的機會，還靠對健康速食的堅定信念勝過競爭對手。節能軟體公司Opower的創辦人耶慈與拉斯奇不只靠「敗得聰明」測試點子，還找來學者、議員、電力公司主管與程式設計師一起找出節約能源的新方式。本書所有創新者都掌握這六大修練。

此外，這六大修練不是只有一小群得天獨厚的少數人才擁有，也不是什麼稀罕的天分，而是人人都能學得。每項修練都能加以演練與培養。一旦你知道創新者密碼，就能運用於接下來的創業路。

史考爾在二〇〇四年創立電影製作公司Participant Media時，重新運用從eBay學到的各個竅門。他找到的切入點是好萊塢缺乏一種電影：《辛德勒的名單》這種著重寓意的電影。他花一年跟演員、律師、編劇、導演、製片、經紀人與電影公司主管請益，深入研究這個機會。有人告訴他說：「成為百萬富翁最可靠的方法就是先當個億萬富翁，然後投入電影產業。」（一九九八年eBay上市時，史考爾擁有二二%的股份，足夠他當個億萬富翁。）「當你看到一個大好機會的時候，一定會有人跟你說這行不通。」史考爾說。

他成立Participant Media以後，迅速做出幾個關鍵決定。其中一個是把美國前總統高爾有關氣候變遷的演講拍成電影。「我當場決定要拍。」史考爾說。然而他不只拍出《不願面對的真相》這種轟動大片，也拍出《原野之人》與《海狸》這種迴響甚少的電影。史考爾說：「你每拍十部片，會預期其中五或六片賣得很慘，二或三片勉強打平，只有一片非常賣座，足以彌補掉另外九片的損失。一切都是在賭。拍電影是在賭，拍微電影是在賭，任何投資都是在賭。訣竅在於賭得夠多，然後從中學習。」

史考爾在好萊塢集結快閃團隊拍片與行銷。他深知人脈的重要，即使有些片子的成功機率微乎其微，他仍冒險支持。喬治．克隆尼請他讀一個只有四幕的黑白片劇本，內容有關麥卡錫主義時代的媒體改革，各大片廠都推掉本片，史考爾卻決定支持。「這劇本不算很好，但克隆尼的熱忱打動了我。」他說。這部片是《晚安，祝你好運》，獲得奧斯卡獎六項提名，包括最佳影片。

史考爾一再運用六大竅門，跟公司同仁拍出超過五十部電影，總共獲得奧斯卡獎三十七項提名，抱回七座獎項，其中五部的票房收入超過一億美元：《蓋世奇才》（一億一千九百萬美元）、《姊妹》（二億一千二百萬美元）、《全境擴散》（一億三千五百萬美元）、《金盞花大酒店》（一億三千七百萬美元）與《林肯》（二億七千五百萬美元）。

你也許會好奇自己跟史考爾這些創新者的共同點有多少？答案是：比你想像得多。他們不是超人。史考爾靠在加油站打工支付大學學費；普蘭克每年舉辦「邱比特情人活動」，在情人節期間賣玫瑰，藉以籌措Under Armour的種子基金；Threadless的共同創辦人尼克爾從學校輟學。他們出身平凡，卻成就不凡。任何資歷皆非必要，好奇心與企圖心才是最大關鍵。

然而，我們還得改變自己對世界的看法。學校教育使我們認為凡事有一個正確答案，制式考試使我們習慣制式思考，但真實世界不是這麼一回事，不如我們所期望的那樣。創新者不只要解決明確但複雜的問題，還要從獨特的角度切入讓新點子開花結果，這兩者截然不同。

Dropbox創辦人休斯頓說：「你要負起自行學習摸索的責任。在創業的每一天裡，你就像一顆在興奮與恐懼之間擺盪的溜溜球，漸漸試著習慣這種感覺。」光有好點子還不夠，還要有膽量，要有本事說服別人加入行列，跟你一起追尋一個值得的願景Stella & Dot的赫琳說：「你看起來要很瘋狂，但別顧慮太多。而且你要覺得很有趣好玩。」她打趣的補上一句：「獨角獸園裡可找不到工作呀。」簡言之，完美的工作並不存在。

你能靠這些創新者密碼往前開創事業，雖然創新者面臨的挑戰不斷改變。每則創業故事皆屬獨一無二。現在你看到切入點，下一刻這些切入點卻消失不見，反倒另有新機會悄悄浮現。下一個賈伯斯也許會在醫療領域開發創新科技，就像荷姆絲替醫療檢測揭開新的一頁。下一個比爾．蓋茲也許會是倫斯戴爾那樣的「古怪程式設計師」，滿腦子想著「靠科技解決問題」。創業的路徑超過一條，沒有哪兩家新創企業會是一模一樣。

展現新點子要靠勇氣，正如名畫家馬諦斯有一句名言是：「創意需要勇氣。」此外，創業像是在水面上作畫，要面對波瀾起伏的市場力量，也要面對瞬息萬變的競爭威脅。

相信你自己，相信你的點子

成功創業的最大關鍵是抱持無可動搖的信念：相信自身能力，也相信自己有一股改變世界的強烈渴望。這有賴樂觀心態，了解該怎麼做，然後付諸實行。雖不輕鬆，卻很值得。商家點評網站Yelp緩緩經歷過一段漫長艱辛，才終於獲得成功；特斯拉汽車花七年才推出第一個車款；食品公司Revolution Foods慢慢往一個一個學校拓展業務，逐步讓窮學生也能享用健康的餐點。每個大突破背後都有一段故事。

「你必須相信自己可以跨到另一邊。」Jawbone共同創辦人拉曼這樣說，並跟我描述起他在結合精巧硬體與易用軟體時碰到的挑戰。提爾說：「你必須相信保持獨特的重要。你必須相信你能做出成果，改變世界，從而改善大家的生活。」列夫琴則說：「我是在鐵幕另外一邊長大的。對我來說，開創企業是資本主義的一個浪漫概念。」

說到底，創業是一個源自信念的行動，是一股追逐夢想的熱情。我們每個人都有成為創新者的潛能。企業世界如同宇宙往外膨脹，有無數方向可供拓展——前提是要有勇氣。看一看你的四周，這世界不斷變動，也不斷創新。是否要發揮你的驚人力量，加入全球眾多創新者的行列，完全取決於你。

附錄 研究方法

研究敘述

到底創新者如何創立一家大企業？他們各自經歷過什麼行動與過程，才成功創辦年營收超過一億美元的公司，或是服務對象超過十萬人的社會企業？本研究旨在找出一組箇中核心訣竅。

本研究主要有兩大目標：第一，界定出一群成功創新者，他們創立的企業皆達到全國性（甚至國際性）規模；第二，運用案例分析方式抽絲剝繭，探究他們成功背後的具體行動與技巧。

我設計出一套包含四個步驟的嚴謹研究方法，目標是準確找出頂尖創新者，探討他們如何創立迅速成長的企業，分析他們如何形塑整個產業。

步驟一：文獻探討

由於領導學與本研究涉及諸多學門，我爬梳的論文領域也包羅萬象，包括領導學、組織行為學、心理學、社會學、經濟學、策略學、決策理論與創意學等。本研究旨在探討成功創業所需的行動與技巧。此外，我也研究有關創新過程的論文，藉此找出成功創新者的關鍵特質。在我的研究期間，許多研究型大學不吝對我提供協助，包括哈佛大學、麻省理工學院、卡內基美隆大學、密西根大學、西北大學、史丹佛大學與芝加哥大學。

步驟二：標準設定

我為本研究進行二百場訪談，受訪對象遍及各種產業，包括科技、零售、能源、醫療、媒體、觀光、旅遊、教育、餐飲、房地產、手機程式等。（除了一般企業的創辦人外，受訪對象還包括少數社會企業的創辦人，以及在大企業中提出革命性創新的高階主管。）

受訪者挑選標準如下：

- 成功創辦年營收超過一億美元的公司，或是成立服務對象超過十萬人的社會企業。

- 在五到十年間讓公司大幅成長。
- 目前仍領導公司、擔任執行者，或仍活躍於管理階層。
- 至少獲三名同業推薦。

步驟三：實際訪談

本階段有三個目標：第一，衡量頂尖創新者的行動與技巧；第二，探討他們如何在瞬息萬變的環境中抓住機會；第三，額外訪談上一階段遺漏的重要人選。

在本階段中，我以質化分析時常採用的「紮根理論」（grounded theory）為基礎，列出完整的訪談方針，訂定給每位受訪者的開放性題目，有些是人人適用的標準問題，有些是針對個人的特定問題。

每場訪談都由我親自進行，時間介於一到三小時。（少數訪談以電話進行。）問題範例如下：

- 你如何激勵員工，讓公司迅速成長？
- 在你擴大公司的規模之際，你有做出什麼調整，還有碰到什麼困境？
- 你跟同仁或其他公司有哪種來往？你如何藉此提升公司的成長速度？

步驟四：分析探討

所有訪談經過錄音，並打成逐字稿。我替訪談資料標記重點，列出規則，把相似規則歸納為概念，再替概念分門別類，最終提出創新者的六大關鍵竅門。

此外，我詳閱數百篇相關論文，蒐集超過五千筆的二手資料，包括筆記、報紙、雜誌文章、政府報告，還有實地訪談時取得的其他資料。我以「經常比較法」（亦即「逐行分析法」）整理所有資料。由於「扎根理論」並不建議使用軟體，我全靠人力整理。

我共計整理近一萬頁的逐字稿，爬梳五千頁的二手資料，詳讀超過四千頁的學術資料，包括實驗、論文、學理爭論與學術訪談。我採取「經常比較法」分析資料，記下各個概念與其關連。在我完成額外訪談以後，我重新整理各概念，反覆推敲琢磨，並持續依照「經常比較法」檢驗新增的資料，最後融會貫通，得到六大關鍵竅門。

整體而言，本研究提出可供效法的行為模範。成功創業是一種可在後天習得的能力，即使原本沒有創業思維、菁英背景、特定資源或特定訓練仍能成功創業。受訪創新者一再舉出人人辦得到的做法，儘管他們來自不同產業，一個個仍掌握共通的創業方法與技巧。換言之，本研究有助滿懷熱忱的未來創新者發揮本領，憑小點子打造大企業。

台灣創新者的推薦

這樣說吧，創新必須是一種動物的直覺、內建的基因、狂喜的來源，是陽光、空氣、水。當 35 歲以下的年輕世代已經在全球各產業全面接班，不想提早退休的你，還想在工作中持續發光發熱，請務必理解並實踐這件事。

—— 王　師　牽猴子整合行銷總監

每一次的創新創業就像談一場戀愛。癡情的創新者總是既期待又怕受傷害：這個點子有人喜歡嗎？該怎麼做最好？這是最佳解法嗎？於是，魏金森寫了這本寶典，分享了創新者歷程中的堅持與唯一。如同戀愛一般，重要的不只是如何複製前人們的成功經驗，更是如何在挫敗與孤獨中繼續前行。本書給了未來創新者最需要的愛與勇氣，我們怎麼捨得不讀！？

—— 溫宏斌　交通大學電機系副教授

創新者的修練很像全人的修練，即是將事物從無變成有，將自我從無意識變成有意識的過程。各項修練之中，面對失敗，我認為是最關鍵的一項。
創新者其實最先看到的是前人的失敗（沒發現需求、沒理解問題、沒找到方案），然後準備面對自己的失敗。要快速反應修正、持續調整策略，要尋求互助合作，要堅持下去。這樣的人，才能夠做個創新者。

—— 周奕成　小藝埕創辦人，大稻埕國際藝術節發起人

創業沒有捷徑，只有每一步走得踏實。如果你想要打造偉大的事業，你不是追求利潤的極大化，而是影響力的極大化；你成功的關鍵在於洞悉別人看不到的需求，進而創造出產品和服務。這樣大破大立的創業者必須是一種顛覆式的創新者。創業是創造一種善循環，它並非高貴神聖，而是你善用你的所能幫助更多人成功。創新也是一種鍛鍊，唯有不斷嘗試，才能找出正道。本書深入分析創新商業的案例，探索背後為人不知的秘密和失敗的經驗分享，無論是正在創業的人或是組織工作者、領導者，這本書都會讓你受益無窮。

—— 許毓仁　TEDxTaipei 策展人暨共同創辦人

一般的創新者解決問題，偉大的創新者改變世界。本書歸納出的六種特質，就是偉大創新者找到需求、善用資源而改變世界的關鍵要素，也是投資人與創業者都必須理解、追尋與不斷修練的！

—— 詹益鑑　AppWorks 之初創投共同創辦人暨合夥人

國家圖書館出版品預行編目資料

創新者的六項修練：麥肯錫顧問解讀200家營收上億新創公司的成功密碼 / 艾美．魏金森（Amy Wilkinson）著；林力敏譯. -- 初版. -- 臺北市：先覺, 2015.10
240面；14.8×20.8公分 --（商戰系列；139）
譯自：The creator's code
ISBN 978-986-134-262-7（平裝）
1. 創業 2.企業領導
494.1 104017456

Eurasian Publishing Group 圓神出版事業機構 用心與你對話．視野無限寬廣
先覺出版社 Prophet Press

http://www.booklife.com.tw reader@mail.eurasian.com.tw

商戰 139

創新者的六項修練

——麥肯錫顧問解讀200家營收上億新創公司的成功密碼

作　　者／艾美・魏金森
譯　　者／林力敏
發 行 人／簡志忠
出 版 者／先覺出版股份有限公司
地　　址／台北市南京東路四段50號6樓之1
電　　話／（02）2579-6600・2579-8800・2570-3939
傳　　真／（02）2579-0338・2577-3220・2570-3636
郵撥帳號／19268298　先覺出版股份有限公司
總 編 輯／陳秋月
主　　編／莊淑涵
責任編輯／莊淑涵
美術編輯／李家宜
行銷企畫／吳幸芳・詹怡慧
印務統籌／劉鳳剛・高榮祥
監　　印／高榮祥
校　　對／簡　瑜
排　　版／莊寶鈴
經 銷 商／叩應股份有限公司
法律顧問／圓神出版事業機構法律顧問　蕭雄淋律師
印　　刷／祥峯印刷廠
2015年10月　初版

定價 310 元　ISBN 978-986-134-262-7　